La microbiota forestal

Ana V. Lasa

 CSIC

CATARATA

Colección ¿Qué sabemos de?

DIRECCIÓN
ISABEL VARELA NIETO

SECRETARÍA
CARMEN GUERRERO MARTÍNEZ

COMITÉ EDITORIAL
PILAR TIGERAS SÁNCHEZ, CSIC
PURA FERNÁNDEZ RODRÍGUEZ, VACC, CSIC, MADRID
MANUEL DE LEÓN RODRÍGUEZ, ICMAT, CSIC, MADRID
ARANTZA CHIVITE VÁZQUEZ, EDITORIAL LOS LIBROS DE LA CATARATA
JAVIER SENÉN GARCÍA, EDITORIAL LOS LIBROS DE LA CATARATA
CARMEN PÉREZ SANGIAO, EDITORIAL LOS LIBROS DE LA CATARATA
JOSÉ ANTONIO LÓPEZ CEREZO, UNIVERSIDAD DE OVIEDO
MARÍA BLANCH, UNIVERSIDAD COMPLUTENSE DE MADRID
RAÚL IBÁÑEZ TORRES, UNIVERSIDAD DEL PAÍS VASCO
JUAN ÁNGEL VAQUERIZO, ISDEFE
MARÍA ISABEL PORRAS GALLO, UNIVERSIDAD DE CASTILLA-LA MANCHA

CATÁLOGO DE PUBLICACIONES DE LA ADMINISTRACIÓN GENERAL DEL ESTADO:
https://cpage.mpr.gob.es

© Ana V. Lasa, 2025
© CSIC, 2025
http://editorial.csic.es
editorialcsic@csic.es
© Los Libros de la Catarata, 2025
Fuencarral, 70
28004 Madrid
Tel. 91 532 20 77
www.catarata.org

ISBN (CSIC): 978-84-00-11414-5
ISBN ELECTRÓNICO (CSIC): 978-84-00-11415-2
ISBN (CATARATA): 978-84-1067-335-9
ISBN ELECTRÓNICO (CATARATA): 978-84-1067-336-6
NIPO: 155-25-062-1
NIPO ELECTRÓNICO: 155-25-063-7
DEPÓSITO LEGAL: M-11.527-2025
THEMA: PDZ/PSG/PSAF

Índice

Agradecimientos

A Carmen Guerrero Martínez, por su paciencia con el proceso de escritura y su asesoramiento. A José M. Martínez Zapater y a Dolores Fernández Martínez, por incentivarme a escribir este libro y apoyarme en la conferencia predecesora del mismo.

A Carlos Martínez Quevedo, por echarme una mano con las dudas lingüísticas.

A Antonio J. Pérez Luque, por atreverse a escribir el prólogo y por coger sin miedo una vez más otra soga científica que le tiro casi al cuello. ¡Gracias por todo lo que me has enseñado sobre los bosques!

A Toni, por esperar y no desesperar. Por comprender que escribir un libro durante horas los domingos soleados era un plan maravilloso. Por animarme tanto.

A mis padres, por estar ahí para todo y en todos los momentos clave. Por quitarme el vértigo cuando me asomo a una nueva aventura.

A Gonzalo Cuesta Amat, por transmitirme ese profundo entusiasmo por la investigación y, sobre todo, por darme una lección de la actitud que hay que tener en la vida. Gracias, en definitiva, por ser mi guía. Mi sueño es que allá donde estés (seguro que en una estrella del cielo con forma de actinomiceto) sonrías henchido de orgullo por la investigadora que formaste. Gracias Gon, una y mil veces más; toda la vida.

Prólogo

Este libro nos sumerge en el mundo de la microbiota forestal, un universo microscópico que juega un papel crucial en la salud y el equilibrio de los ecosistemas forestales. Aunque a menudo pasa desapercibida, representa una inconmensurable diversidad de formas y funciones. Como señaló el profesor David W. Wolfe: "En un pequeño pellizco de tierra es probable encontrar mil millones de organismos individuales y hasta diez mil especies diferentes de microorganismos, la mayoría todavía sin nombrar, sin catalogar y sin comprender plenamente".

La autora, experta en microbiología forestal y con una profunda sensibilidad hacia la naturaleza, nos invita —al más puro estilo de Rachel Carson— a cultivar el sentido del asombro. Comparte con nosotros su admiración por aquello que no se percibe a simple vista: lo invisible que sustenta los bosques que disfrutamos. Nos anima a explorarlos con una mirada curiosa, descubriendo el fascinante mundo que se esconde más allá de lo visible.

Mediante una original analogía —el vecindario—, conoceremos los principales protagonistas de ese vibrante mundo microscópico, los diferentes nichos ecológicos —viviendas— que ocupan, así como los servicios que prestan al vecindario-bosque.

Con ejemplos claros y amenos, se exploran las complejas interacciones que los microorganismos establecen entre ellos y con las plantas. Así descubriremos cómo contribuyen a descomponer la hojarasca, liberando nutrientes esenciales, y cómo movilizan recursos clave para favorecer la nutrición de las plantas. También nos adentraremos en el papel fundamental que juega la comunicación entre plantas y microorganismos en la defensa frente a plagas y patógenos.

En un contexto de cambio global, donde las alteraciones climáticas, la contaminación y las plagas amenazan la salud de los bosques, resulta esencial comprender que la salud de los árboles depende tanto de sus propios mecanismos como de su relación con los microorganismos que los habitan.

En definitiva, este libro sobre microbiota forestal pone de manifiesto la palpitante vida que late en el bosque, y nos interpela a asumir un compromiso activo para protegerlos, y así preservar la biodiversidad de nuestros bosques, ya que, como afirmara el naturalista Joaquín Araújo, "en ningún lugar se vive tanto y se proporciona tanta vida como en el suelo de un bosque".

ANTONIO JESÚS PÉREZ-LUQUE
Investigador posdoctoral del Instituto de Ciencias Forestales (ICIFOR-INIA) del Consejo Superior de Investigaciones Científicas (CSIC)

Introducción

"Los árboles son el interminable esfuerzo de la Tierra por hablar al cielo que la escucha".

RABINDRANATH TAGORE

Las plantas, siempre a la sombra del ser humano

¿Alguna vez os habéis parado a pensar en el inmenso valor ecológico que tienen los bosques de nuestro planeta? Perennes o caducos, tropicales, boreales o mediterráneos, de frondosas o de gigantescas secuoyas...; no importa el tipo de bosque en el que estés pensando. Quizá nunca hayas reparado en lo importantes que son en nuestro día a día (y, por descontado, no me refiero solo al uso de productos que se obtienen directamente de los bosques, como la madera o la pasta de papel). Sin embargo, desde bien pequeños ya estaban presentes en nuestras vidas, aunque quizá no nos dábamos cuenta; al menos, la magia y el misterio que en multitud de ocasiones se ha atribuido a los bosques. Los que nacimos en las décadas de los ochenta y noventa seguramente recordemos a David el gnomo y su familia, esos seres mitológicos que nos ayudaron a conocer las principales virtudes de los ecosistemas forestales. Los gnomos nos enseñaron a amar estos ecosistemas y todos sus componentes: los árboles bajo los que vivían o los frutos que comían. Pero no se trata de un ejemplo aislado, pues existen múltiples leyendas o personajes televisivos infantiles cuyas vidas transcurren en torno a los bosques, lo que impregna a estos últimos de un gran misticismo. En la mitología vasca, por ejemplo, es destacable la figura del propio Basajaun. El 'señor de los bosques', como se traduce del euskera (*baso*, 'bosque', y *jaun*, 'señor'), es un ser mitológico, de fortaleza enorme y aspecto similar a un yeti, que se encargaba de cuidar de los bosques y sus criaturas. Culturas como la vasca han tenido muy presente los bosques desde antaño, y así lo han transmitido a lo largo de las generaciones. Uno de los aspectos que más definen a una cultura concreta es el idioma o la lengua, y es en el propio euskera precisamente donde ya queda reflejado el valor que para la población tenían los bosques. Un buen ejemplo es la existencia del término *basamortu*, que significa 'desierto', que deriva de las palabras *baso* y *mortu*, 'páramo, yermo'. Así pues, el euskera equipara un desierto con un bosque muerto, que ha quedado yermo, baldío.

Somos muchos los que, de niños, seguramente aprendimos a amar los bosques y, en general, la naturaleza. Sin embargo, no todo el monte es orégano. Desgraciadamente, una vez superada la ingenuidad de la niñez, los bosques (y las plantas, en general) han perdido parte del aprecio que les teníamos en aquella etapa; menospreciados, infravalorados, ignorados u olvidados. Así ha pasado a considerar el ser humano en su etapa de madurez el reino vegetal.

Y es que los humanos nos caracterizamos por vivir en un mundo antropocentrista, donde se ha posicionado al ser humano en el centro del universo. ¿Quién no se ha imaginado alguna vez a los seres extraterrestres con aspecto humanoide? ¿Por qué no han de adquirir un aspecto similar a un liquen, un musgo o incluso una flor?

Existen numerosos ejemplos que demuestran que el ser humano se ha posicionado a sí mismo en lo alto de la tabla en cuanto a la inteligencia, por encima de cualquier animal. Ni nos planteamos superar a las plantas en ese aspecto porque ni tan siquiera las incluiríamos en el conjunto de seres inteligentes. Su incapacidad para desplazarse (que no para moverse) ha conducido en múltiples ocasiones a ser menospreciadas por el ser humano. Tal es así que cuando una persona pierde la capacidad de moverse a causa de una enfermedad o un accidente decimos que ha quedado en estado vegetal o vegetativo, y muchas veces se emplea como insulto o en tono peyorativo. Sin embargo, nuestra relación con las plantas es una moneda con dos caras. Por un lado, nos encontramos la ignorancia, el olvido e incluso el desprecio que solemos profesar por el reino vegetal, porque no muchas personas hubieran incluido a las plantas en el conjunto de seres inteligentes anteriormente mencionado. En la otra cara de la moneda nos encontramos con cierto aprecio que incluso roza la dependencia de las mismas. ¿A nadie le gusta una pieza de fruta fresca cuando hace calor? ¿Ni hemos escrito en una hoja de papel o hemos viajado en tren, medio cuyos sistemas han incluido —parcialmente— estructuras de madera? Es decir, nos llegan a gustar porque realmente las necesitamos para nuestra supervivencia.

La Biblia es un buen ejemplo del comportamiento dual del ser humano con respecto al reino vegetal. Así, deja patente que las plantas nunca fueron consideradas como entes importantes para los humanos. Según los capítulos 6 y 9 del libro del Génesis, Yavé le advirtió a Noé de que construyera una embarcación en la que, además de su familia, debía incluir animales (por parejas) y comida para salvarse del diluvio universal. Jamás le conminó a incluir plantas en el arca para continuar con la vida en la Tierra. El Génesis no hace referencia explícita a las plantas (ni a sus semillas) como organismos esenciales para repoblar el planeta tras el diluvio, si bien implícitamente se puede entender que fueron necesarias al menos como alimento. Tras 40 días y 40 noches de lluvia incesante, el Antiguo Testamento menciona que el arca se asentó en el monte Ararat y la lluvia cesó, habiendo muerto todas las criaturas de la Tierra a causa del diluvio. Noé supo que las aguas se habían retirado gracias a la llegada de una paloma con una ramita de olivo en su pico (¿de dónde la sacó si todos los seres vivos que no estaban en el arca habían muerto?). Este hecho nos puede resultar paradójico, pues aun olvidadas las plantas, la ramita de olivo en este caso es símbolo de éxito. Como decíamos, dos caras de una misma moneda.

Si nos centramos en los bosques, y en concreto en los árboles, también encontramos ejemplos de nuestra naturaleza bidireccional. Por ejemplo, en la Antigüedad, gran parte del paisaje libanés se encontraba cubierto por inmensos bosques de cedros exuberantes, algunos de los cuales en la actualidad alcanzan hasta 30 metros de altura. Era tal la superficie ocupada por los cedros que, al lograr la independencia en 1943, Líbano incluyó en su bandera un precioso cedro como emblema.

En dicho país destaca el llamado bosque de los Cedros de Dios (en el que reinaba la especie *Cedrus libani*), situado en el valle Qadisha, en Bsharri. La majestuosidad de los cedros junto con su longevidad hizo que estos árboles fueran un símbolo de la eternidad, algo próximo a lo divino. Sin embargo, distintas civilizaciones han maltratado estos bosques. A lo largo de la historia, han sido terriblemente expoliados y explotados intensamente como recurso maderero y como fuente para otros productos como perfumes o incluso resina para el embalsamamiento en el caso de la civilización egipcia. La madera del cedro fue muy apreciada en el Cercano Oriente; por ejemplo, el primer templo de Jerusalén fue construido por orden de Salomón y recubierto con planchas de madera de cedro. Se estima que medio millón de hectáreas de estos bosques desaparecieron a causa de talas masivas para edificar templos y palacios de fenicios, egipcios, asirios, mesopotámicos, babilonios, persas y griegos. Como vemos, los cedros han sido muy apreciados entre dichas civilizaciones, pero no ha sido más que (fundamentalmente) por el aprovechamiento maderero.

En cualquier caso, en el siglo XIX estos bosques estaban absolutamente esquilmados y la superficie cubierta por la especie *Cedrus libani* en Oriente Próximo se había reducido notoriamente. Además, la salud de estos bosques se vio enormemente amenazada ya que sufrieron un ataque por la avispa de la madera *Cephalcia tannourinensis*, que, lamentablemente, se extendió también por el bosque de los Cedros de Dios. La situación de este bosque llegó a ser sumamente alarmante tras la tala descontrolada y la plaga. Resulta paradójico bautizar a un bosque con dicho nombre y considerar los cedros próximos a la divinidad, pero al mismo tiempo explotarlo hasta esquilmarlo. ¿Cómo pudieron las distintas civilizaciones venerar los cedros y, al mismo tiempo, esquilmarlos?

Dura lex, sed lex

En filosofía, la cuestión anterior podría ser considerada como una pregunta compleja, es decir, una pregunta que da por sentada una afirmación discutible —en este caso, que nadie protegió los bosques de cedros—. Realmente, esto no fue así. Ante la contracción desmesurada de la especie *Cedrus libani* y el alto riesgo de desaparición del bosque de los Cedros de Dios, se tomaron medidas para la conservación de la especie y la protección del mismo. Las ciencias forestales han estado a merced del antropocentrismo, pues se han tomado medidas cuando el riesgo de desaparición de una especie era inminente o cuando el ser humano ha visto peligrar su propia economía. En el caso de los cedros, aproximadamente el 80% de los pocos árboles que sobrevivieron a las talas masivas llegaron a estar infestados por la avispa. Así, ante esta situación crítica, se incluyeron en el año 1998 en la Lista del Patrimonio Mundial de la Organización de las Naciones Unidas para la Educación, la Ciencia y la Cultura (UNESCO). Es decir, surge una actuación de protección a las puertas de una catástrofe. No obstante, las actuaciones permitieron controlar el ataque por la avispa y, desde entonces, la vigilancia no cesa.

Aunque no debe generalizarse, el nacimiento de muchas políticas forestales ha estado supeditado a lo largo de los siglos a riesgos inminentes. Se debe tener en cuenta que la caída de grandes imperios (como el Imperio romano) muestra una fuerte correlación con la deforestación generalizada en muchos puntos del planeta, especialmente en la región mediterránea. Por supuesto, no podemos inferir que fuera la causa del declive de estos imperios, pero sí un factor más. Si las civilizaciones más antiguas no tenían madera para construir navíos o fabricar armas, ¿cómo podrían vencer al enemigo en sus costas?

Aun así, debería subrayarse la relevancia de ciertas actuaciones llevadas a cabo por el ser humano para proteger los bosques, independientemente del objetivo último. Así, el Código de Hammurabi de Babilonia, uno de los compendios de leyes más antiguos que existen (1750 a. C.), incluía aspectos sobre la tala y el reparto de la madera entre vecinos, aunque al parecer se trataba de una regulación relacionada principalmente con las transacciones comerciales. Con el devenir de los siglos fue creciendo nuestro reconocimiento de los árboles (y las plantas en general), como es el caso del filósofo Demócrito de Abdera (460-370 a. C.), quien equiparaba los árboles a un ser humano puesto del revés, con la cabeza en la tierra y los pies en el aire. Teniendo en cuenta que el ser humano siempre se ha considerado el ser vivo superior y que el cerebro es el órgano gracias al cual esa superioridad es manifiesta, Demócrito estaría equiparando las raíces con el cerebro humano.

Esta comparativa podría suponer un antes y un después en la concepción del reino vegetal por parte del ser humano. Comenzamos a ver la luz en cuanto a la relación con las plantas, y en concreto con los árboles, y es que ya la dinastía Han (China, 206 a. C.-220 d. C.) promovió la plantación de árboles maderables. Si seguimos por Asia, encontraremos registros que aseveran que en el periodo védico de la India (anterior al hinduismo, 300 a. C.), el primer emperador de la dinastía del reino Maurya, conocido como Chandragupta, nombró a un oficial para que cuidase los bosques, quedando pues patente la importancia de los mismos en esa cultura. Es también en las creencias religiosas de la India donde el concepto de las arboledas sagradas está ampliamente arraigado. Pero no nos hagamos ilusiones, porque la admiración por los árboles no se encontró igualmente extendida por el planeta en los siguientes siglos.

Habría que preguntarse qué pasó en la Edad Media, periodo en el que la madera era un recurso muy valioso para muchos reinos de Europa. Es cierto que se elaboraron diferentes leyes para poner freno a la explotación masiva maderera (probablemente para evitar agotar un bien material que era absolutamente necesario para la construcción, fabricación de armamento, como fuente de combustible, etc.). Sin embargo, no se contemplaba aún la reforestación.

Recorriendo los registros de nuestro propio país destacan varios documentos que recogen la preocupación de la época por los bosques, como es el caso del Pacto de Arriaga o Pacto de la Voluntaria Entrega (año 1332), cuyas partes fueron el rey de Castilla Alfonso XI y la Cofradía de Álava o Arriaga. En él, los cofrades entregaban el señorío de Álava al rey, realizando algunas peticiones, entre la que destaca la número 14, que reza como sigue: "Otrossí nos pidieron por mercet que les otorgassemos que nos nin otro por nos non pongamos ferreínos en Álava por que los montes non se yermen nin se astinguen tenemoslo por bien et otorgamoslo". Como se deduce, se solicitaba que no se instalaran ferrerías en Álava para evitar la tala de árboles y por tanto la deforestación, favoreciendo la conservación de sus bosques.

Siguiendo con nuestra incompleta vuelta al mundo a lomos de las políticas forestales, llegamos a Francia y Alemania, en concreto, al siglo XVII. En este punto, llegó a regularse la actividad maderera para garantizar que siguiera habiendo madera para un futuro y, al fin, comenzaron a plantarse árboles al tiempo que se talaban.

Un siglo más tarde, y nuevamente en España, encontramos otro registro donde queda reflejada la preocupación por los bosques, esta vez, en los Archivos Históricos de la Marina. Así, el capítulo XXX de la Real Ordenanza de 31 de enero de 1748 para la conservación y aumento de los montes de la Marina menciona lo siguiente: "Porque la absoluta prohibición de cortar maderas y árboles podía ser perjudicial a mis vasallos […]: los Intendentes mandarán a sus Subdelegados que permitan la tala de árboles que hubieren menester, precediendo a ella que el particular o comunidad que necesite madera, la pida por escrito al Subdelegado, declarando qué porción y el fin para que la necesita" (Fernando VI). Nuevamente, nos encontramos ante una situación en la que el ser humano regula la deforestación (se tuvo el detalle de regular la cantidad y el fin del uso de la madera) para no agostar los bosques, es decir, en su propio interés.

Así las cosas, y tal y como sucedió antaño con los cedros de Líbano, la deforestación llegó a tal punto en el continente europeo que hubo que poner freno a la situación. Surge así la preocupación por una gestión forestal sostenida, considerándose la deforestación como un sinónimo de crisis económica.

Así, a finales del siglo XIX y gracias al avance en las políticas forestales, comenzó a considerarse la práctica de la actividad forestal como una disciplina científica. Esta toma de conciencia se propagó al continente americano, donde el botánico Gifford Pinchot creó el Servicio Forestal estadounidense en 1905. En 1933, se creó en España la Dirección General de Montes dependiente del Ministerio de Fomento, estableciéndose así una administración para la adecuada conservación y gestión de nuestros bosques. De forma generalizada, podría considerarse que, en la actualidad, los beneficios que de los ecosistemas forestales se pueden obtener no son incompatibles con un aprovechamiento sostenible, ordenado y regulado. Con el correr de los años y del conocimiento, cada vez existen más normativas que velan por la salud y la conservación de nuestros bosques prácticamente en todo el mundo.

Los árboles y los microorganismos: una interacción generalmente positiva

Los ecosistemas forestales son un excelente refugio de biodiversidad. Seguro que no nos extraña encontrar en un pinar de la zona mediterránea un corzo o un jabalí rebuscando bajo la hojarasca para encontrar alimento. Tampoco ver un nido de algún pájaro o una simpática ardilla con una bellota de alguna encina crecida en los alrededores. Pero ¿no resulta sorprendente que una enorme y vigorosa secuoya albergue en sus raíces una gran cantidad de microorganismos diferentes como, por ejemplo, virus? Efectivamente, esta es la realidad de nuestros ecosistemas forestales y, en general, del reino vegetal. Y es que, al igual que sucede con el aparato gastrointestinal de los mamíferos, las plantas que componen los bosques (desde árboles hasta herbáceas, pasando también por los arbustos) se encuentran colonizadas, habitadas por una miríada de microorganismos diferentes. Al conjunto de microorganismos que residen en un ecosistema concreto se le denomina microbiota. En el caso de las plantas, los microorganismos son capaces tanto de colonizar la superficie como el interior de prácticamente todos los tejidos del hospedador (es decir, la planta que los alberga), sin necesariamente ocasionarle daño o enfermedad.

Siguiendo con los paralelismos, debemos tener presente que, en la sociedad en la que vivimos, el resultado del trabajo de unos es esencial para el bienestar de otros, de tal forma que todos nos necesitamos mutuamente, de forma directa o indirecta. Pensemos en una persona que limpia la calle y hace que nuestra ciudad sea salubre o en un ciudadano que cultiva o vende hortalizas, el cual, en última instancia, garantiza nuestra alimentación. Con los microorganismos que habitan sobre los tejidos vegetales o dentro de los mismos ocurre exactamente lo mismo. Tal y como veremos en el capítulo 2, los microorganismos pueden actuar de manera sinérgica y garantizar el estado de salud adecuado de su hospedador, al tiempo que muchos de ellos están protegidos por la planta.

Sin embargo, he comenzado por el final. Todas las aseveraciones anteriores no son más que el fruto relativamente tardío de muchas investigaciones. La primera descripción de las enfermedades de los árboles la realizó el filósofo griego Teofrasto (370-286 a. C.) en su obra *Historia Plantarum*, quien las consideraba de causa espontánea. Tuvieron que pasar unos cuantos siglos para que la sociedad científica cambiara de opinión. Y es que no fue hasta 1853 cuando el científico germano Anton de Bary demostró que parte de las enfermedades de las plantas son de origen microbiano y responden por tanto a un agente externo. Pero ¿qué pasa concretamente con los árboles? Nos debemos remontar hasta la segunda mitad del siglo XIX para encontrar registros concretos sobre el papel de la microbiota de los árboles. Fue alrededor del año 1870 cuando el científico forestal y micólogo Robert Hartig planteó que la descomposición de la madera la llevan a cabo los microorganismos. Y es que, al final, si esta descomposición ocurre mientras el árbol está vivo, puede resultar en la muerte del mismo. Hartig, considerado uno de los padres de la patología forestal, fue una de las personas que de forma más temprana mostró interés por el decaimiento forestal o, lo que es lo mismo, la pérdida de vigor de las masas forestales, de la que hablaremos (con el corazón encogido) en el último capítulo.

Llegado 1904, año que sin duda todo microbiólogo de plantas tiene grabado en la memoria, el alemán Lorenz Hiltner, director del Real Instituto Bávaro de Agricultura y Botánica, en Múnich, acuñó por primera vez el término *rizosfera*. Con él quiso referirse a la zona del suelo bajo influencia directa de las raíces de las plantas, a la cual el científico le dio una gran importancia por la intensidad de la actividad microbiana en este punto. De ella hablaremos en múltiples ocasiones a lo largo de esta obra, puesto que se trata de una zona del suelo sumamente importante para el desarrollo de las plantas. Con el transcurso de los años, la mayoría de los trabajos sobre microbiota vegetal se centraron en la rizosfera, mientras que la investigación en el resto de tejidos de las plantas quedaba un poco rezagada. Sin embargo, no fue hasta que diferentes científicos a nivel mundial erraron en su intento de cultivar tejidos vegetales *in vitro* libres de microorganismos, cuando la comunidad científica comenzó a mostrar más interés por la microbiota que vivía en el interior de las plantas. Si los microorganismos de la rizosfera eran tan importantes para mantener la salud de las plantas, ¿por qué no lo iban a ser también aquellos que viven en el interior de la raíz o de las hojas?

Si tenemos en mente los largos ciclos de vida de los árboles, entenderemos fácilmente el retraso en la adquisición de conocimientos sobre los microorganismos que los colonizan.

En el caso de la microbiología de los árboles y de los ecosistemas forestales, inicialmente la mayoría de los trabajos se centraban en el aislamiento en placas de Petri de los microorganismos que habitan en el suelo, las hojas y otros tejidos de los árboles. Sin embargo, a día de hoy, se estima que tan solo se ha podido aislar el 1% del total de microorganismos existentes en nuestro planeta, ya que muchos de ellos tienen requerimientos nutricionales muy específicos que los científicos no somos capaces de reproducir *in vitro*.

¿Cómo podríamos analizar todos los microorganismos que habitan en el ecosistema forestal si no los podemos cultivar y observar? Ante la necesidad de responder esta pregunta es cuando surge el desarrollo de las técnicas denominadas ómicas. El término *ómica* no es más que un neologismo inglés que generalmente se emplea como sufijo y que significa 'todo', 'completo'. Así pues, surgen técnicas como la genómica, metabolómica, proteómica, entre otras, cuyo objetivo es el estudio del conjunto total de genes, metabolitos (sustratos y productos del metabolismo) o proteínas, respectivamente, de un organismo. El auge de este tipo de técnicas ha supuesto un enorme paso hacia delante en la microbiología forestal, pues hemos pasado de tener dificultades para cultivar la mayoría de los microorganismos a conocer prácticamente todos los genes, metabolitos o proteínas presentes en el ecosistema forestal, si seguimos el ejemplo anterior.

La comunidad científica ha cogido tanta carrerilla en este aspecto que actualmente somos capaces de identificar miles de microorganismos que están presentes en un nicho ecológico (o microhábitat) concreto del ecosistema forestal. Gracias al desarrollo y abaratamiento de los costes de las tecnologías de secuenciación masiva o de alto rendimiento, a día de hoy somos capaces de secuenciar fragmentos de ADN o ARN de distinto tamaño, determinando la secuencia de nucleótidos de los mismos. En última instancia, esta nos permite identificar taxonómicamente con bastante precisión los microorganismos; es decir, somos capaces de determinar el género, y en algunos casos hasta la especie, de cientos o miles de microorganismos. Ello podría equipararse con *hacerles un DNI*, si bien debe puntualizarse que gracias a estas técnicas tan solo podemos *ponerles nombre y apellidos*, por lo que dicho DNI se encontraría incompleto al no tener datos sobre su residencia (es decir, sobre el nicho ecológico que habitan), entre otros aspectos que se incluyen en el documento. En las últimas décadas se ha realizado un esfuerzo muy notable por describir las comunidades microbianas asociadas a diferentes ecosistemas. Tal es así que en el año 2010 se fundó el Earth Microbiome Project (Proyecto del Microbioma de la Tierra), cuyo objetivo principal es caracterizar las comunidades microbianas de todo el planeta. Además, se pretende homogeneizar los protocolos de toma de muestras y de análisis bioinformático, para que todos los resultados obtenidos puedan ser perfectamente comparables y se minimice la cantidad de sesgos. A este proyecto han contribuido más de 500 investigadores de una miríada de países y, como no podía ser de otra manera, también se ha analizado la microbiota de diferentes tejidos y especies vegetales. Para que os hagáis una idea de la magnitud del proyecto, tan solo mencionar que los responsables del mismo han decidido no recibir nuevas muestras, ya que han llegado a sus límites logísticos para procesarlas.

Llegamos al punto en el que los microorganismos que habitan en los ecosistemas forestales ya tienen *nombre y apellidos*, pero ¿para qué sirve toda esa información? Inicialmente, describir la composición de la microbiota forestal nos ayuda a conocer la diversidad y a intuir el modo de vida y función de ciertos microorganismos. Sin embargo, tal y como indica el doctor Petr Baldrian, uno de los máximos exponentes a nivel mundial en la ciencia que estudia la microbiota forestal y presidente de la Fundación Checa de Ciencia, no basta con identificar los microorganismos que habitan en un determinado ecosistema; Baldrian postula que la comprensión del funcionamiento de los bosques y de los ecosistemas forestales pasa por realizar estudios integrativos. Es decir, puesto que los procesos que tienen lugar en un ecosistema (como puede ser un árbol) habitualmente afectan a múltiples hábitats o nichos al mismo tiempo, estos no pueden ser comprendidos si no se considera el ecosistema de forma global, como una única entidad. Así, para comprender un poco mejor el ecosistema forestal, debemos abordarlo desde varios prismas. Debe, por lo tanto, integrarse la microbiología (tanto la estructura o composición de las comunidades microbianas como las funciones de los diferentes microorganismos) en el área forestal para comprender mejor nuestros bosques. De igual manera, el estudio de la microbiota debe aunar multitud de conocimientos sobre los microorganismos: desde el estudio de *quiénes son*, hasta la comprensión de *lo que hacen*. Así, teniendo presente las ideas de Petr Baldrian, trataré de mostrarle al lector el valor de los ecosistemas forestales desde una escala microscópica.

CAPÍTULO 1

El ecosistema forestal:
principales protagonistas

"Porque en la verdadera naturaleza de las cosas, todo árbol verde
es mucho más glorioso que si estuviera hecho de oro y plata".

MARTIN LUTHER KING JR.

Ecosistemas forestales: no brillan,
pero su valor es incalculable

Mañana de un sábado otoñal, fresca y nublada, década de los
noventa. Mis padres organizan una excursión al monte Jaizkibel
(Guipúzcoa) con sus tres hijos para coger castañas, y allá nos
vamos todos sin dudar un instante. Llegamos al bosque y
nos ponemos como locos a buscar el delicioso fruto del castaño
entre las hojas caídas ya por el efecto del otoño. Las horas transcurren repletas de diversión, pues somos tres chavales buscando
un tesoro y descubriendo cosas novedosas dada nuestra corta
edad. Pequeñas setas, castañas ya enmohecidas tras las copiosas
lluvias, pájaros que cantan en las ramas de los árboles, musgo
sobre las rocas e incluso heces de algún animal que habita en el
bosque. Al cabo de las horas volvemos a casa con un alijo valiosísimo: un arsenal de castañas, musgo, ramitas, hojas, pequeñas
piedras, agua y barro en las botas, entre otros materiales con los
que montar el próximo belén de Navidad. Y, sobre todo, volvemos con una enorme sensación de fascinación, diversión, plenitud y bienestar que nos invade a los cinco. Esta estampa, tan real
como reiterada durante mi infancia, reúne algunos de los beneficios que el ser humano puede obtener de los ecosistemas forestales, los llamados servicios ecosistémicos.

A lo largo del capítulo introductorio (y en lo que resta de obra), se menciona en reiteradas ocasiones la expresión *ecosistema forestal* y también el término *bosque*. Conviene, por tanto, comenzar este capítulo definiendo y diferenciando ambos. Debemos entender por ecosistema forestal la superficie terrestre dominada por árboles y consistente en comunidades integradas de plantas, animales y microorganismos (bioma), junto con los elementos abióticos tales como el suelo o el agua sobre los que se desarrollan, y la atmósfera o clima con los que interactúan. ¿Y qué los diferencia de los bosques? Estos no son más que agrupaciones de árboles y de otras plantas como los arbustos que habitan bajo los árboles (y que, a su vez, conforman el sotobosque). Para poder entenderlo mejor, basta con imaginar un globo en cuyo interior se encuentre metido un bosque (formado por una masa de árboles y el sotobosque), junto con otros elementos como un río con su fauna correspondiente (peces, anfibios, etc.), piedras o rocas, herbívoros alimentándose del prado e, incluso, una masa de nubes amenazadoras a punto de descargar una tormenta. La esfera en su conjunto representaría el ecosistema forestal, mientras que la masa de árboles, matorrales y otra vegetación constituirían el propio bosque. Así pues, los ecosistemas forestales son un importante núcleo de diversidad tanto biológica como de elementos abióticos, que interaccionan entre sí y que se encuentran en continuo cambio, es decir, son ecosistemas muy dinámicos. La figura 1 representa los conceptos de ecosistema forestal y bosque, y la interacción entre sus elementos.

Amados a la vez que explotados, los ecosistemas forestales han sido elementos fundamentales para el ser humano a lo largo de la historia. De hecho, es incuestionable el vínculo existente entre estos y el ser humano, independientemente de la civilización o momento histórico que consideremos. Como ilustré al inicio de este capítulo, muchas experiencias vividas en los bosques (excursiones, acampadas, etc.) suelen evocar gran plenitud y confort espiritual al recordarlas. Estas sensaciones no son más que el reflejo del valor de los ecosistemas para el ser humano: por una parte, se consideran un reservorio de bienes materiales (castañas, musgo, ramitas, etc.), pero también un hogar, santuario o incluso un espacio con significado místico para otras culturas.

Figura 1
Representación gráfica de los conceptos ecosistema forestal y bosque.

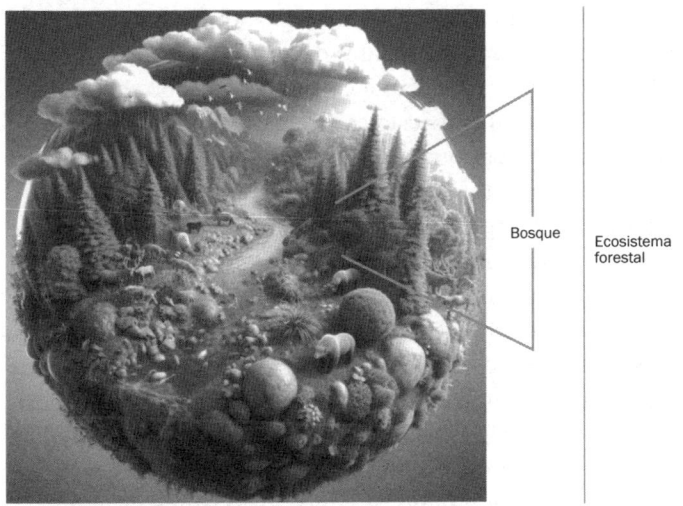

Bosque

Ecosistema forestal

Fuente: Elaboración propia.

El conjunto de beneficios (bienes, servicios o procesos) que se obtienen de estos ecosistemas se denomina servicios ecosistémicos. Si bien antaño los ecosistemas forestales se consideraban mayoritariamente una fuente de productos, actualmente la sociedad y los estamentos responsables de la gestión forestal están adoptando una visión más amplia. Los ecosistemas forestales son mucho más que madera o alimento para el ser humano. Estos sustentan la vida en todas sus formas y proporcionan una plétora de beneficios. ¿Cuántas bondades de los ecosistemas forestales podríamos mencionar? Conviene detenerse un momento para reflexionar antes de revisar los distintos servicios ecosistémicos que se exponen a continuación.

Dentro de dichos servicios ecosistémicos encontramos, por un lado, los de abastecimiento, que son los más tangibles.

Incluyen el aprovisionamiento de bienes materiales o materias primas como alimento humano y animal (frutos, bayas, semillas, etc.), agua, madera, resina o recursos genéticos. Por otro lado, encontramos los servicios de regulación, aquellos procesos relacionados con la mejora de nuestro planeta e incluso los que hacen posible el funcionamiento del mismo. Además, comprenden aquellos procesos que ayudan a reducir los impactos negativos locales o incluso globales.

¿De qué manera son capaces de llevar a cabo dichas funciones los ecosistemas forestales? Pensemos, por ejemplo, en el fenómeno de evapotranspiración. Las plantas captan el dióxido de carbono (CO_2) atmosférico y liberan a la atmósfera el oxígeno (O_2) que producen durante la fotosíntesis. Este intercambio gaseoso tiene lugar a través de los estomas, unos orificios microscópicos que se encuentran en la superficie de las hojas y que podrían asemejarse a los poros de nuestra piel. Además de los mencionados gases, las plantas son capaces de transpirar también agua a través de los estomas, de forma similar a como los mamíferos sudamos a través de la piel. A esta transpiración, junto con la evaporación del agua presente en el suelo, es a lo que denominamos evapotranspiración. ¿Y la regulación realizada por los árboles entonces? Cuando, por ejemplo, en una selva (caracterizada por su alta humedad ambiental) tiene lugar la evapotranspiración a gran intensidad a causa de las altas temperaturas, se pueden formar nubes de gran tamaño. A su vez, estas pueden desplazarse y descargar el agua en forma de lluvia en otros lugares, regulando así el ciclo del agua. Pensemos, además, que las nubes pueden hacer que la radiación solar que en ellas incide sea reflejada y, por lo tanto, la radiación sobre la superficie que cubren las nubes sea menor. En consecuencia, se produce una disminución de la temperatura, regulando de nuevo las condiciones climáticas.

Si las nubes del ejemplo anterior hacen las veces de guardasol, es de pensar que una situación similar se da con el dosel arbóreo (es decir, las copas de los árboles de un bosque). Este podría considerarse el *techo* del bosque, pues actúa como pérgola del sotobosque que cubre y del propio suelo forestal. Por lo tanto, *resguarda* de la radiación solar directa, proporcionando ciertos niveles de sombra y disminuyendo la temperatura del suelo.

Además de la regulación de la temperatura y el ciclo del agua, los ecosistemas forestales facilitan la polinización animal, gracias a la biodiversidad que albergan, y disminuyen la erosión del suelo, entre otros. Retomando la historia inicial de mis salidas durante la infancia para recoger castañas, seguramente se haya podido percibir la gran satisfacción y diversión que experimentábamos durante el transcurso de aquellas vivencias. Es decir, beneficios no materiales ni regulatorios que fomentan, en última instancia, el enriquecimiento personal o espiritual, y que se denominan servicios ecosistémicos culturales. Los ecosistemas forestales son, pues, fuente de patrimonio cultural, de valores educativos e incluso un entorno ideal para la práctica deportiva. Además, suscitan la recreación, la relajación e inducen el bienestar físico y emocional. Imaginemos una situación en la que estamos atravesando un periodo de estrés o de desasosiego y nos planteamos desconectar y buscar un momento de paz y tranquilidad. En tales circunstancias, puede que contemplemos la posibilidad de dar un paseo por el bosque, de disfrutar del sosiego que brindan los pájaros al cantar o incluso de experimentar la sensación refrescante de sumergir los pies en un arroyo.

Finalmente, nos encontramos con los servicios de apoyo o soporte de procesos que garantizan buena parte de los servicios anteriormente mencionados. Es el caso de la producción primaria o, lo que es lo mismo, el proceso mediante el cual tiene lugar la producción de materia orgánica a partir de compuestos inorgánicos. Es posible que nos suene la expresión "los bosques son los pulmones del planeta", y es que, como ya hemos mencionado, mediante el proceso de fotosíntesis las plantas toman el dióxido de carbono (carbono en forma inorgánica) y este se fija o transforma en compuestos orgánicos, como azúcares y otras moléculas que, en su conjunto, conocemos como fotoasimilados. En este proceso se libera O_2 a la atmósfera, razón por la que se equipara a los bosques con los pulmones de los mamíferos.

Se estima que entre un 33 y un 50% del carbono total fijado por la vegetación terrestre es fijado por los árboles. Si bien es cierto que prácticamente todas las plantas son capaces de producir y liberar CO_2, la cantidad de O_2 que liberan y el CO_2 que absorben es muy superior en el caso de los árboles, por lo que se considera que son elementos esenciales para reducir la cantidad de gases de efecto invernadero y dar soporte al resto de servicios ecosistémicos. Puesto que hablamos del ecosistema en su totalidad, y no exclusivamente de los árboles y otras plantas presentes en el bosque, debemos tener presente también otros organismos del bioma forestal. ¿Qué otros seres vivos son capaces de realizar la fotosíntesis en el ecosistema forestal? Algas, líquenes y cianobacterias presentes en el suelo y en hábitats acuáticos como arroyos, humedales, etc., contribuyen también a este proceso.

La formación de suelo es otro servicio ecosistémico de soporte de gran valor. Ya que hemos mencionado anteriormente la fotosíntesis, continuaremos con ella como ejemplo. La producción de O_2 no es el único beneficio de la misma. Como resultado de la fijación de carbono, se producen fotoasimilados o materia orgánica de diferente naturaleza: carbohidratos, ácidos orgánicos, lípidos, aminoácidos, entre muchos otros compuestos. Estos se crean en la parte aérea, que es donde tiene lugar la fotosíntesis, y a través del flujo de la savia elaborada se van distribuyendo a otras partes de la planta. Este transporte tiene lugar por el floema o tejido conductor que forma parte del sistema vascular de las plantas.

¿Cómo pueden tener las plantas sistema vascular, como los animales, si no tienen sangre? Efectivamente, los vegetales tienen un sistema muy similar a nuestro sistema sanguíneo, por el que, en vez de sangre, circula el agua y los nutrientes absorbidos por las raíces (a través del tejido conductor llamado xilema) o la savia elaborada repleta de fotoasimilados (por el floema). En el caso de las plantas no hay un motor o bomba como el corazón que bombee la savia a través de las venas y arterias, las cuales en el ejemplo equivaldrían al xilema y floema, respectivamente. A pesar de ello, las plantas actúan de forma similar a una potente bomba de extracción de agua. Esto sucede gracias al denominado potencial osmótico o, lo que es lo mismo, la tendencia del agua de moverse dentro de las plantas debido a la presencia de solutos. Cuando la concentración de solutos de las células vegetales es superior a aquella del medio en el que se encuentran, el agua entra a las células debido a esa diferencia de potencial osmótico. Lo contrario sucede si el medio circundante es más rico en solutos que el interior de las células. Así pues, y en ausencia de un corazón, gracias a las diferencias de potencial osmótico, las plantas regulan los flujos xilemáticos y floemáticos.

Igualmente, el tejido conductor de las plantas conecta la parte aérea y las raíces de las mismas. Así, la savia elaborada cargada de fotoasimilados llega al sistema radicular (conjunto de raíces) y en última instancia se libera al suelo mediante un proceso denominado exudación. Quizá resulte extraño relacionar este fenómeno fisiológico con los servicios de apoyo del ecosistema forestal, pero, en realidad, es bien sencillo: se trata de un proceso secuencial que comienza en la parte aérea y termina en las raíces. Como consecuencia de la fotosíntesis y el transporte de fotoasimilados a las raíces, tiene lugar la exudación de múltiples nutrientes al suelo y, por lo tanto, el enriquecimiento del mismo en materia orgánica. Y es que, de forma general y dejando a un lado los compuestos inorgánicos, podemos afirmar que un suelo abundante en este tipo de materia es un suelo rico, fértil. Además, debemos tener presente que cuando tiene lugar la caída de las hojas de los árboles, estas se descomponen mediante un proceso que abordaremos en el siguiente capítulo, liberando también nutrientes. Así, los árboles que componen las masas forestales contribuyen doblemente al enriquecimiento del suelo: mediante la fotosíntesis y la subsecuente exudación, y gracias a la deposición de la hojarasca.

Los bosques en cifras

Según el escritor británico Andrew Lang, las estadísticas se pueden emplear como un borracho utiliza las farolas: para el apoyo en lugar de para la iluminación. Por lo tanto, nos podemos basar en cifras proporcionadas por la FAO (Organización de las Naciones Unidas para la Alimentación y la Agricultura) para apoyar los beneficios (y también para dar luz sobre los mismos) de los ecosistemas forestales anteriormente mencionados, y más en concreto de los bosques. Así, se estima que la superficie cubierta por las masas forestales en nuestro planeta es de aproximadamente 4.000 millones de hectáreas, lo que equivale al 31% del área total de la Tierra. Sin embargo, la distribución de los bosques no es homogénea, ya que el 54% del total se concentra en tan solo cinco países: Rusia, Brasil, Canadá, Estados Unidos y China. Además, las zonas regidas por clima tropical concentran el 45% de todos los bosques que existen en el planeta.

¿Sabías que no todos los bosques son de propiedad pública? Aunque pueda parecer extraño, prácticamente tres cuartas partes de todos los bosques del planeta sí lo son, pero aproximadamente el 20% es de propiedad privada. El resto son considerados de propiedad desconocida, ya que esta está en disputa o en transición. Además, la proporción de las masas forestales públicas ha disminuido desde 1990 y, a su vez, el área cubierta por los bosques privados ha aumentado. Pero no todo es la pertenencia, también debemos tener en cuenta los derechos de manejo. Imaginemos que tenemos una casa en propiedad, pero no tenemos el derecho a gestionarla. Con los bosques pasa lo mismo. Desde hace unos 30 años, la proporción de manejo de la Administración pública ha decrecido, y cada vez más bosques de propiedad pública son gestionados por empresas e instituciones privadas, así como por comunidades indígenas y tribales.

Públicos o privados, la situación de nuestros bosques no es la ideal, y para demostrarlo y dar luz (y contradiciendo a Andrew Lang sobre la utilidad de las estadísticas), en el último capítulo de este libro se expondrán más cifras que, lamentablemente, son escalofriantes.

Tipos de bosques

Si por algo se pueden caracterizar los bosques de nuestro planeta es por su enorme diversidad. Como hemos visto, una gran superficie del mismo está cubierta por masas forestales, lo cual implica que estos estén regidos por diferentes climas, y como repasaremos más adelante, las condiciones ambientales son claves para determinar tanto la flora como la microbiota asociada a la misma. Por lo tanto, podemos encontrarnos con diferentes tipos de bosques en función del clima de la zona en la que se encuentren. Sin embargo, la clasificación de los bosques es compleja, ya que pueden categorizarse según una inmensidad de parámetros diferentes: principalmente, los bosques se clasifican en función del clima y la latitud, aunque el follaje, el tipo de vegetación, el tratamiento silvícola o el impacto del ser humano son otros clasificadores importantes. Por ejemplo, los bosques pueden ser caducifolios o perennes en función de la dinámica de caída de la hoja, o estar compuestos por coníferas (pinos, abetos, pinsapos, etc.), especies frondosas (aquellas angiospermas, es decir, que producen flores, como los robles), o ser de tipo mixto (mezcla de las dos categorías anteriores). En la tabla 1 se resumen las características de los distintos tipos de bosques.

Tabla 1
Tipos de bosques en función del clima y la latitud, y sus principales características.

	DISTRIBUCIÓN	TEMPERATURA* (°C)	PRECIPITACIÓN ANUAL (MM)	VEGETACIÓN	FAUNA
Templado	Europa, EE UU, Canadá, Rusia, parte de Oceanía, parte de Asia, algunas zonas del sur de Sudamérica	-30 – +30 Veranos calurosos e inviernos fríos	500-1300	*Fagaceae, Pinaceae, Cupressaceae, Araucariaceae, Podocarpaceae,* arbustos (*Ericaceae, Rosaceae*), hierbas (*Caryphyllaceae, Compositae, Cruciferae, Labiatae, Ranunculaceae* y *Umbelliferae*)	Ciervo, castor, oso, jabalí, lirón, mapache, venado, ardilla, zorro, lobo, gato montés, aves (orden *Paseriforme*), algunos reptiles

DISTRIBUCIÓN		TEMPERATURA*\n(°C)	PRECIPITACIÓN\nANUAL (MM)	VEGETACIÓN	FAUNA
Boreal	Alaska, Canadá,\nEscandinavia,\nRusia	-60 – +20\nMedia de verano:\n10 °C	300-900	Coníferas\ny arbustos	Caribú, reno,\nalce, oso pardo,\nlince boreal,\nmochuelo boreal,\náguila, otros
Subtropical	México, EE UU,\nEuropa, Asia,\nSuráfrica, Australia	+15 – +25	500-2000	Vegetación\nfrondosa, pinares	Especies de\npelaje grueso,\nabundantes\ninsectos y reptiles
Tropical	Amazonía, África,\nsudeste asiático,\nparte de Oceanía,\nCentroamérica	+20 – +25	500-2500	Muy diversa,\n19 000-25 000\nespecies entre\nSudamérica y\nsudeste asiático	Gran cantidad de\ninsectos y reptiles

* SE REPRESENTAN LAS TEMPERATURAS MÍNIMAS Y MÁXIMAS.
FUENTE: ELABORACIÓN PROPIA.

Los protagonistas microscópicos: la microbiota forestal

Como se ha definido en el capítulo introductorio, la microbiota de las plantas es esencial para el correcto desarrollo de las mismas. Es decir, existe una fuerte relación entre los dos actores principales de esta obra, que generalmente es positiva. En este sentido, la teoría endosimbiótica, propuesta por la científica estadounidense Lynn Margulis, postula que las células eucarióticas (aquellas con núcleo, por ejemplo, las de las plantas) se formaron a lo largo de la evolución gracias a la fusión entre bacterias; es decir, hace millones de años, las bacterias (células procariotas, sin núcleo) se asociaron entre ellas hasta dar lugar a las células eucariotas. Según Margulis, lo que hoy en día conocemos como mitocondrias y cloroplastos de las células vegetales podrían tener su origen evolutivo en diferentes bacterias. Para una mejor comprensión, y aplicando una escala temporal muy distinta, sería comparable a una bacteria que *hubiera engullido* a otras, resultando estas en cloroplastos y mitocondrias. Podría considerarse que la teoría endosimbiótica refleja de alguna forma cierta dependencia de las células eucariotas (como las vegetales) sobre las células procariotas, como las bacterianas. Si damos un gran salto espacial y temporal, veremos cómo esta relación de dependencia se mantiene hoy día entre plantas (incluidos los árboles) y microorganismos.

¿Es posible imaginar un mundo en el que un ser majestuoso, grande y fuerte como un inmenso roble necesite de seres microscópicos (que miden la décima parte de lo que mide una única célula vegetal) para su subsistencia? ¿O un planeta en el que un árbol se comunique mediante un *lenguaje* especial con los microorganismos? No hay por qué imaginarlo pues es una realidad: se trata del planeta Tierra. Tal es el rol de la microbiota, que los árboles (y en general, las plantas) no deben concebirse como organismos independientes, individualizados, sino que deben ser considerados desde un punto de vista holístico, global. Por ende, resulta más oportuno percibirlos como holobiontes vegetales, ya que este término alude no solo al árbol hospedador, sino también a su microbiota asociada. Así que cuando pensemos en la vegetación de un ecosistema forestal, conviene que tengamos una visión integradora.

¿Qué sucede con los procesos inherentes a la evolución, como la adaptación y la selección? Esta última actúa sobre ambos tipos de organismos, las plantas y sus microorganismos asociados, y sobre sus interacciones. Es decir, nuevamente, debemos pensar en el holobionte como unidad. Se considera que ambos se han ido adaptando a las condiciones cambiantes a lo largo del tiempo de forma paralela y sincronizada, es decir, que ambos han coevolucionado. No obstante, no debemos incurrir en la simplificación ni pasar por alto las complejidades evolutivas de los holobiontes. Tal y como postulan las corrientes más contrarias del concepto holobionte, las interacciones entre los microorganismos y su hospedador deben ser estudiadas en su contexto ecológico y evolutivo, evitando asumir que los microorganismos son parte integral de un "superorganismo".

¡Alto el paso, identifíquese!

Es posible que llegado a este punto nos estemos preguntando cuál es el papel de los microorganismos que los hace indispensables para las plantas. Sin embargo, al igual que en un encuentro entre personas que no se conocen, antes de comprender su función, debemos presentarlos, saber *quiénes* son, identificarlos. Dibujar una panorámica de la microbiota forestal es una tarea compleja, ya que esta está constituida por diferentes tipos de microorganismos que, además, habitan diferentes nichos ecológicos. Pasemos pues a revisar el DNI de los microorganismos que, en líneas generales, componen el ecosistema forestal.

En primer lugar, nos encontramos al grupo de los procariotas, el cual, a su vez, se divide en dos dominios, las eubacterias y las arqueas. El prefijo *-eu* significa 'bien, bueno', por lo que a las primeras se les conoce también como bacterias verdaderas (dominio *Bacteria*), y son, en términos cuantitativos, uno de los grupos de microorganismos más importantes de los ecosistemas en estudio. Tal es su cuantía que se ha estimado que un gramo de suelo de un bosque templado contiene aproximadamente 10^7-10^9 células bacterianas. Además, su diversidad taxonómica es inmensa. Científicos de las universidades de Newcastle y Glasgow (Reino Unido) estimaron matemáticamente que un gramo de suelo podía albergar hasta 38 000 especies bacterianas diferentes; es decir, en ese mismo gramo de suelo podemos encontrarnos con 10^9 individuos pertenecientes a miles de especies distintas.

A pesar de la enorme diversidad, ciertos *phyla* (el rango taxonómico más amplio) como *Proteobacteria, Actinobacteria, Bacteroidetes* y *Firmicutes* se consideran generalistas de plantas ya que están claramente representados en la microbiota de muchas especies vegetales, tanto de herbáceas como leñosas. ¿Y de qué le sirve al árbol hospedador tanta cantidad de especies bacterianas? Podemos nuevamente compararlo con los habitantes de una ciudad concreta: a mayor número de personas suele haber una mayor representación de oficios o trabajos entre la ciudadanía. En el caso de las bacterias, diferentes especies pueden tener diferentes oficios o funciones (aunque no siempre es así, como veremos más adelante), por lo que el árbol puede encontrar en sus inmediaciones bacterias capaces de cubrir gran parte de sus requerimientos, tal y como veremos en el capítulo 2.

Por otro lado, las arqueas (dominio *Archaea*) también forman parte de la microbiota forestal. Se diferencian de las eubacterias en la composición de la pared celular, la cual, estableciendo un símil, podría equipararse a una capa externa que recubre las células. ¿Os imagináis que todos los ciudadanos del planeta utilizáramos las mismas prendas de abrigo? Es decir, que las personas de los países nórdicos y de África central vistieran igual, cada uno en sus respectivos países. Seguramente sería una mala idea por la difícil adaptación de ambos grupos de personas a las respectivas condiciones ambientales. En el caso de las eubacterias y las arqueas sucede lo mismo: su diferente pared celular les supone, en última instancia, un diferente modo de vida y adaptación a distintos hábitats.

En lo referente a las arqueas, tradicionalmente se ha considerado que se trataba de procariotas extremófilos, es decir, capaces de sobrevivir y desarrollarse en ecosistemas dominados por condiciones ambientales extremas, tales como altas temperaturas (termófilos), altas concentraciones salinas (halófilos), suelos extremadamente ácidos (acidófilos), entre otras. Sin embargo, los estudios más avanzados en microbiota forestal han demostrado que este tipo de microorganismos no necesariamente habita en ambientes extremos, sino que también se detecta en suelos de bosques templados, de características climáticas suaves. Pese a que se han podido detectar en diferentes nichos del ecosistema forestal, a día de hoy su función todavía no está clara. Algunos estudios sugieren que las arqueas son organismos saprótrofos, es decir, que su fuente de carbono y energía es la materia orgánica procedente de organismos muertos, como la hojarasca u otra materia en descomposición. Otros trabajos postulan que podría tratarse de simbiontes de animales o plantas. Por otro lado, es conocido que algunas arqueas son capaces de producir metano (CH_4) o que participan en el ciclo del nitrógeno. Lamentablemente, resulta difícil determinar el papel exacto de estos microorganismos en los ecosistemas en estudio, puesto que los aspectos ecológicos de las arqueas siguen siendo desconocidos.

Dejemos de momento a un lado a los procariotas y pensemos en otros organismos clave en el ecosistema forestal. Puede que hayamos pensado en las setas en más de una ocasión, pero las hayamos descartado al pensar que no se trata de microorganismos. En efecto, las setas no son más que un tipo de estructura que forman algunos tipos de hongos. Continuemos pues presentando a estos grandes (aunque microscópicos) protagonistas del ecosistema forestal. Se trata de los microorganismos eucariotas más importantes en cuanto a biomasa en los ecosistemas que estamos estudiando. La micobiota forestal o conjunto de hongos que habitan en estos ecosistemas se divide morfológicamente en hongos filamentosos multicelulares, hongos productores de cuerpos fructíferos (setas) y levaduras.

Los hongos filamentosos reciben dicho nombre ya que crecen formando estructuras similares a fibras, filamentos o pelos, que denominamos hifas. A su vez, estas se agrupan y forman el micelio. Es decir, el micelio se asemeja a un cordón que está formado por varios haces trenzados o agrupados entre sí, como sucede con los cables de la luz. Seguramente, alguna vez habréis observado una pelusilla que crece sobre la superficie de las naranjas que hemos dejado olvidadas durante un largo tiempo en el frutero. Dicho aspecto algodonoso es el resultado del crecimiento del micelio sobre la naranja. En los ecosistemas forestales ocurre lo mismo con otros hongos y otros nichos ecológicos como el suelo. El crecimiento miceliar le permite al hongo explorar el suelo y captar nutrientes, y dado que la extensión del micelio puede llegar a ser muy grande, facilita que este acceda a nutrientes de difícil acceso, e incluso le permite evitar nichos ecológicos concretos. ¿Cuánto puede llegar a extenderse el micelio? Al parecer, en un bosque de Oregón (Estados Unidos) se ha estimado que el micelio de un hongo de la especie *Armillaria ostoyae* puede llegar a extenderse 8,8 kilómetros cuadrados, aunque este desarrollo depende de factores externos muy variables. En la figura 2 se muestra el aspecto de diferentes tipos de hongos del ecosistema forestal.

Figura 2
Hongos que crecen sobre la madera de un árbol muerto (izquierda), detalle de los mismos (derecha, arriba), detalle del micelio de un hongo que crece en la hojarasca (derecha, centro) y crecimiento de un liquen sobre la superficie del tronco de un pino (derecha, abajo).

Fuente: Elaboración propia.

Una vez descrito el crecimiento de los hongos filamentosos, es momento de presentar a las setas. No son más que cuerpos fructíferos o estructuras multicelulares reproductivas de los hongos filamentosos. Es decir, son el órgano responsable de la producción de esporas. Muchos de estos hongos forman simbiosis ectomicorrícicas con los árboles, es decir, una relación en la que el hongo penetra entre las células de las raíces y ambos organismos obtienen beneficios mutuos, como veremos a continuación. Pero debemos tener muy presente que las setas son acúmulos de células eucariotas que, en su conjunto, permiten la reproducción del hongo filamentoso. Así, el próximo otoño, al pasear por un bosque y observar una seta, conviene recordar que de forma subterránea el micelio puede estar conectando diferentes árboles lejanos a los cuales les proporciona nutrientes.

Existe un tercer tipo de hongos si atendemos exclusivamente a la morfología de los mismos: las levaduras. Se trata de hongos unicelulares. Aunque parezcan microorganismos más sencillos, no por ello son menos fascinantes: algunas son de tipo dimórfico, es decir, son capaces de crecer de forma filamentosa bajo determinadas condiciones. En cualquier caso, las levaduras son muy ubicuas, aunque su abundancia en los ecosistemas forestales suele ser más baja que la del resto de hongos.

Clasifiquemos ahora los hongos según la relación que establecen con su hospedador o su modo de vida, pues son los criterios que pueden darnos una idea más aproximada de su función o relevancia en el ecosistema forestal. Un ejemplo puede darse en los restos de un tronco de un árbol muerto en el suelo de un bosque en el que se pude detectar la presencia de hongos sobre la superficie de la madera. ¿Cómo pueden crecer en un entorno aparentemente tan inerte como la madera de un árbol muerto? Precisamente porque no se trata de un nicho ecológico inerte, sino todo lo contrario: está repleto de nutrientes, aunque no todos los hongos son capaces de utilizarlos. Donde a nosotros nos cuesta ver una fuente posible de carbono y energía, para estos hongos capaces de descomponer la materia orgánica más compleja (saprótrofos), un tronco de un árbol muerto es equiparable a un vergel o un paraíso. En el capítulo 2 entraremos más en detalle sobre este tipo de metabolismo descomponedor típico de los saprótrofos.

¿Y no sería más fácil obtener nutrientes y energía a partir de árboles o arbustos vivos? Algunos hongos que habitan en el suelo del bosque son capaces de captar los azúcares y otros compuestos que las plantas liberan al suelo durante la exudación. Aunque no las consideremos inteligentes, a lo largo de la evolución, estas también han logrado obtener beneficios a cambio, estableciendo relaciones simbióticas con los hongos. Este tipo de relación mutualista es muy común en el ecosistema forestal (especialmente en el suelo), donde podemos encontrar árboles, arbustos y otras plantas estableciendo simbiosis con los denominados hongos micorrícicos, es decir, los hongos le proporcionan nutrientes y agua a su hospedador vegetal, mientras este le suministra fotoasimilados a través de las raíces.

Podemos clasificar los hongos formadores de simbiosis micorrícicas en tres categorías, en función de la localización del micelio fúngico respecto a su hospedador. Así, aquellos cuyas hifas penetran en el interior de las células vegetales son hongos endomicorrícicos (generalmente pertenecientes al *phylum Glomeromycota*). Por el contrario, los hongos ectomicorrícicos (ECM) extienden su micelio sobre la superficie de las raíces formando un espeso manto miceliar que las recubre. Además, pueden ocupar los espacios intercelulares (aquellos comprendidos entre células vegetales), sin llegar a penetrar en el interior de las células. La simbiosis ectomicorrícica generalmente se establece entre los hongos pertenecientes a los filos *Basidiomycota* y *Ascomycota* y diferentes especies de plantas leñosas, entre las que destacan las coníferas, quercíneas, eucaliptos y abedules. Las plantas leñosas más representativas de los bosques templados son micorrícicas obligadas, no pudiendo sobrevivir si no se encuentran micorrizadas, esto es, estableciendo simbiosis con un hongo micorrícico. Finalmente, nos encontramos con los hongos ectendomicorrícicos, es decir, aquellos que colonizan dualmente las raíces: externamente forman un manto, pero penetran en el interior de las propias células de las raíces. En cualquier caso, y tal y como se detallará en el siguiente capítulo, la simbiosis micorrícica supone un aporte adicional de nutrientes y agua para la planta hospedadora, por lo que son componentes esenciales de la microbiota forestal.

Pero en casi ningún ecosistema, y menos en los que estamos estudiando, los organismos se encuentran aislados y sin establecer interacciones. Los microorganismos, al igual que muchos animales, también se asocian entre sí. Un claro ejemplo de asociaciones simbióticas en el ecosistema forestal son los líquenes. Pero ¿entre qué organismos se establece dicha simbiosis? Realmente los líquenes son el resultado de una asociación entre hongos (llamados micobiontes) y organismos fotobiontes, o lo que es lo mismo, capaces de realizar la fotosíntesis. Seguramente, si pensamos en seres vivos con esta habilidad, además de las plantas nos vienen a la mente las algas; efectivamente, son uno de los fotobiontes que conforman los líquenes. Pero no son los únicos: también algunas bacterias pueden fijar el CO_2 en presencia de luz. Y no debemos despreciarlas por raro que pudiera parecer, ya que se han descrito hasta la fecha más de 800 especies bacterianas formadoras de líquenes.

¿Te has fijado alguna vez en los líquenes que se desarrollan sobre la superficie del tronco y las ramas de los árboles? Aunque quizá sea el lugar donde es más probable que los hayas visto, en algunos bosques de coníferas del norte de Canadá los líquenes llegan a cubrir hasta un 97% del área total. Esta *alfombra* forestal, aunque hermosa, no está de adorno. En un bosque donde prácticamente todo está cubierto por líquenes, podríamos pensar en las dificultades que enfrentan los animales para alimentarse. Sin embargo, los líquenes son una importante fuente de alimento para ciertos insectos, renos, caribúes, etc. Por otro lado, su crecimiento en forma de *alfombra* sobre muchas superficies ayuda a reducir la pérdida de humedad asociada a las altas temperaturas. Al mismo tiempo, desempeñan un papel esencial en el mantenimiento de los niveles óptimos de nitrógeno en los bosques. En la figura 2 se puede apreciar el aspecto de un liquen típico en el ecosistema forestal.

Mencionaremos en este apartado también a los protistas, a pesar de que no se trata de microorganismos en el sentido puramente taxonómico. Tradicionalmente, el término *protista* se ha empleado para agrupar a todos aquellos organismos eucariotas que no eran animales, plantas u hongos, de forma similar a un cajón de sastre. Estos se clasificaban en función de su morfología y modo de nutrición en protozoos (incluyendo los flagelados, ciliados y amebas) y algas. Pero, en la actualidad, ha quedado demostrado que este término no alude a una categoría taxonómica, puesto que en los protistas se incluían organismos de linajes evolutivos divergentes. Es decir, en este cajón de sastre, los organismos no necesariamente coinciden en cuanto a sus nombres o apellidos. A día de hoy, el término *protista* se considera un nivel de organización, agrupando a todos aquellos organismos eucariotas microscópicos unicelulares (o que forman pequeñas colonias). Sin embargo, si no son microorganismos, ¿cuál es su relevancia en un libro sobre microbiota? Sencillamente, se incluyen en esta obra por su gran abundancia en el ecosistema forestal: se estima que un gramo de suelo de un bosque alberga decenas de miles de protistas. Aunque aún sabemos poco sobre ellos, tienen una función regulatoria muy importante, ya que muchos se alimentan de bacterias y otros microorganismos. Así, cuando se produce un crecimiento masivo, por ejemplo, de las bacterias que forman parte de su *menú*, los protistas evitan el sobrecrecimiento de las mismas mediante su depredación. Además, debemos tener a un grupo de protistas bien vigilados de cerca; concretamente, a los oomicetos. Son protistas filamentosos morfológicamente similares a los hongos, pero algunos son importantes patógenos de árboles. Destacan los géneros *Phytophthora* y *Pythium*, por causar estragos en encinas y alcornoques, y patologías en diferentes tipos de plantas, respectivamente.

Otro grupo que genera discordia, pero que no podemos olvidar, son los virus. Nos encontramos ante un caso que genera discrepancias, pues a día de hoy aún no existe unanimidad en la comunidad científica sobre si son seres vivos (parásitos) o no (acúmulos de proteínas, lípidos y ácidos nucleicos). El origen de esta disquisición radica en su modo de reproducción: emplean parte de la maquinaria celular de su hospedador para lograr este objetivo. Este debate tan interesante excede los objetivos de este libro, pero vivos o no, desempeñan un papel en el ecosistema forestal que no podemos desdeñar. Puede resultar curioso que los haya incluido como miembros del holobionte, pues como revisamos anteriormente, la microbiota vegetal no causa enfermedad en sus hospedadores. Es cierto que existen numerosas especies víricas que tienen un papel como fitopatógenos (patógenos de plantas), pero los que no afectan a la flora forestal, pueden resultar incluso beneficiosos para la misma.

Pensemos en el efecto indirecto que un enemigo de nuestro peor enemigo puede tener sobre nosotros. Por ejemplo, si los pájaros se comen a los mosquitos que nos pican por la noche, en última instancia se convierten en grandes aliados nuestros. Lo mismo sucede con los virus en el ecosistema forestal, y es que existen virus que afectan negativamente a diferentes insectos (virus entomopatógenos), los cuales, a su vez, afectan a los árboles. Igualmente, en los ecosistemas en estudio hay virus que resultan perjudiciales para hongos (micovirus) y bacterias (bacteriófagos). Estos últimos son tremendamente abundantes y diversos en suelos forestales y especialmente en ambientes acuáticos, donde se estima que pueden encontrarse hasta 10^{31} partículas víricas pertenecientes a 100 millones de especies distintas. Por otro lado, también se conocen virus que afectan a oomicetos patógenos de plantas, como *Phytophthora infestans*. Estos nuevos *aliados* de la flora forestal se han propuesto como herramienta incluso para controlar ciertas enfermedades de los árboles, en lo que se conoce como virocontrol, es decir, emplear virus como si fueran medicinas. Y no solo se ha propuesto, sino que ya existe evidencia científica de que el micovirus Cryphonectria Hipovirus 1 disminuye la virulencia del hongo *Cryphonectria parasitica* que causa la enfermedad del chancro del castaño.

El 'vecindario forestal'

Unas páginas más atrás vimos que identificar los microorganismos, lo que sería similar a *expedirles un DNI*, es una de las tareas fundamentales para comprender qué sucede en los ecosistemas en estudio. Como sabemos, todo DNI incluye la dirección de nuestro domicilio. Es decir, el *DNI microbiano* estará prácticamente completo cuando sepamos *quiénes son* y *dónde viven* los componentes de la microbiota forestal. A ese respecto, podríamos comenzar comparando estos ecosistemas con un vecindario. Imaginemos un bosque y dividámoslo en las diferentes estancias, tal y como lo haríamos con un bloque de pisos: garaje subterráneo, portal, escaleras, las diferentes plantas donde se encuentran las viviendas de los vecinos, ático e incluso azotea. En el ejemplo, cada una de las estancias corresponde a un nicho ecológico distinto. Así, en el ecosistema forestal encontramos el suelo y las raíces (el garaje subterráneo), el tronco (escaleras), las hojas y ramas de las plantas (ático, azotea), además de ríos, lagos, rocas, etc. En el vecindario hay estancias como el portal o las escaleras que están menos habitadas que otras (las viviendas) y en el ecosistema forestal ocurre exactamente lo mismo, aunque en este caso la correspondencia nicho ecológico-vecindario no es tan directa.

Una de las zonas más concurridas del ecosistema forestal es el suelo. Debemos dividir este en dos partes, como si en nuestro bloque de vecinos tuviéramos el portal y el rellano inmediatamente próximo a las escaleras. El portal se podría equiparar a lo que llamamos suelo no rizosférico, es decir, la parte del suelo alejada y sin influencia de las raíces de las plantas. Se trata de uno de los hábitats forestales más importantes en cuanto a cantidad de microorganismos. En los bosques templados y boreales, el micelio de los hongos ECM forma una red extensa y tupida, y estos hongos suelen ser los predominantes en el suelo de estos bosques. Tal es así que llegan a suponer hasta un tercio de la biomasa total microbiana. El resto suele estar representado por microorganismos saprótrofos, fundamentalmente hongos y bacterias. De forma general, ambos tipos de organismos suelen encontrarse en el horizonte O, es decir, en la capa superior del suelo, aquella que se encuentra cubierta por la hojarasca; aunque en el caso de las arqueas, son más abundantes en las capas más profundas del suelo forestal. En cualquier caso, este portal suele ser más diverso y concurrido que el rellano cercano a las escaleras, es decir, el suelo rizosférico o rizosfera. Se trata, como mencionamos en la introducción, de la fracción del suelo estrechamente adherida a las raíces de las plantas. Es un hábitat único, ya que es precisamente aquí donde son liberados los fotoasimilados procedentes de la fotosíntesis del hospedador vegetal.

¿Qué implicaciones tiene este suelo para los microorganismos? El fenómeno es similar al que tiene lugar si regalamos chucherías en la puerta de un colegio: se produce la atracción de una gran cantidad de microorganismos en busca de nutrientes. Así pues, se dice que se trata de un punto caliente, pues es en este nicho donde se concentra una buena parte de la actividad metabólica de los microorganismos. Pero al igual que a todos los niños no les gustan todas las chucherías, no todos los metabolitos atraen por igual a todos los microorganismos; es decir, se produce un reclutamiento selectivo por parte de la vegetación forestal.

En función de la composición de los metabolitos liberados a través de las raíces, se atrae a un tipo de microorganismos u otro. Como resultado, la rizosfera se enriquece en microorganismos concretos. A este fenómeno se le conoce como efecto rizosfera, y es la causa de que, generalmente, este nicho ecológico sea menos diverso que la porción de suelo no rizosférico. No obstante, debemos tener en mente que la rizosfera de las especies vegetales de los bosques es una de las rizosferas vegetales más diversas que existen. Si en el suelo no influenciado por las raíces la abundancia de ECM es muy elevada, ¿qué puede suceder en la rizosfera? Tal es la cantidad de micelio de este tipo de hongos que hasta se le ha otorgado un término específico a la fracción del suelo bajo la influencia de las raíces cubiertas de micelio fúngico: la *micorrizosfera*. Esta, a su vez, alberga su propia comunidad microbiana.

Valiéndonos del ejemplo del *vecindario forestal*, podría asemejarse a un rellano del bloque de vecinos en el que se reunieran las diferentes mascotas del vecindario, solo que, en vez de perros, gatos o periquitos, conviven microorganismos. Pero ¿son estos diferentes a los del resto de suelo? Efectivamente, la composición de la comunidad microbiana de este nicho ecológico es específica, pues se caracteriza por bacterias que ayudan a establecer la simbiosis micorrícica (*helper bacteria*), otros hongos, amebas depredadoras, además de fauna como colémbolos (un tipo de artrópodos), microartrópodos, nematodos y enquitréidos (una familia de anélidos o lombrices). En definitiva, rizosférico o no, el suelo forestal es una importante fuente de microorganismos y gran refugio de biodiversidad. Debemos ampliar nuestra perspectiva sobre el mismo y comprender que toda la microbiota que alberga hace que este tenga un valor importantísimo para mantener la salud de los bosques.

En el suelo del ecosistema forestal también podemos encontrar otros elementos, tal y como puede suceder en la planta baja de nuestro vecindario (cuarto de contadores, por ejemplo). Un elemento muy común son las rocas o piedras, sobre las cuales también se desarrollan los microorganismos. Cabe destacar que estas también pueden estar bajo tierra, constituyendo en ese caso hábitats únicos. Generalmente, las primeras son nichos excepcionales para líquenes y algunas plantas como los musgos, que a su vez albergan su propia microbiota. Las piedras subterráneas son fuente de minerales para los ECM, otros hongos y bacterias, como se verá más adelante.

Por otro lado, un constituyente muy preciado de los ecosistemas forestales lo conforman los hábitats acuáticos. Ríos, arroyos y lagos son hábitats muy específicos y, además, están fuertemente interconectados con otros elementos típicos de los ecosistemas en estudio, como la hojarasca. ¿Cómo pueden estar relacionadas las hojas que se caen de los árboles con los ríos? ¿Y si ambos elementos no se encuentran próximos? Es bien sencillo: el viento puede arrastrar las hojas hasta los hábitats acuáticos, por lo que en estos nichos, la sedimentación y la descomposición de la hojarasca (y de restos de madera y pequeñas ramas sumergidas) cobran gran relevancia y además ocurren con cierta rapidez.

Me gustaría mostrar otro aspecto importante de este vínculo: el ecosistema forestal es muy dinámico y prácticamente todos los elementos del mismo están interconectados entre sí, en muchas ocasiones a través de su microbiota. Si nos sumergimos en las comunidades microbianas de ríos, lagos y arroyos podemos encontrar ¡hasta 10^6-10^8 células bacterianas por mililitro! Además, debemos tener presente que son reservorios también muy diversos, ya que aquí prevalecen hongos ciertamente particulares como los hifomicetos acuáticos o ingoldianos y hongos productores de zoosporas (esporas provistas de cilios o flagelos que facilitan su dispersión en el agua), o los quitridiomicetos (grupo de hongos generalmente considerados parásitos y saprófitos de plantas). Este nicho también es habitado por protistas depredadores.

Los hábitats acuáticos que acabamos de mencionar contienen materia orgánica, pero no tanta como la que podemos encontrar en los humedales, por lo que merece la pena diferenciarlos. A nivel microbiológico, los humedales se hallan escasamente explorados, pero se ha llegado a demostrar que las arqueas pertenecientes al filo *Euryarchaeota* pueden llegar a suponer más de un 7% de la biomasa total microbiana. Quizá esta cifra no dice demasiado, pero si tenemos en cuenta que la abundancia típica de estos microorganismos en los suelos forestales es menor del 2%, se comprende mejor su significado. ¿Por qué esta diferencia? Para responder esta pregunta debemos tener en cuenta la distribución del O_2 en este hábitat. En los humedales, el suelo está inundado de agua, por lo que en las zonas más profundas se suelen dar condiciones de anaerobiosis o lo que es lo mismo, de ausencia de oxígeno. Y son precisamente estas condiciones las más adecuadas para el desarrollo de las arqueas metanógenas o productoras de metano. Así, el suelo de los humedales se encuentra enriquecido en este tipo de arqueas.

En lo que llevamos de estudio del vecindario forestal solamente hemos mirado hacia el suelo o la superficie terrestre, pero hay vida microbiana más allá; por ejemplo, en la atmósfera. Si bien es cierto que la carga microbiana es pequeña, es un nicho de gran relevancia ecológica ya que es un medio de dispersión de microorganismos y esporas. ¿Es posible imaginar un mundo en el que los microorganismos no se dispersaran de un lugar a otro? Realmente sería inconcebible, pues la distribución de las comunidades microbianas sería más localizada. Cuando la microbiota se dispersa y coloniza otros nichos ecológicos, tiene mayor probabilidad de sobrevivir, ya que puede adaptarse a nuevas condiciones ante una perturbación. Imaginemos que vivimos en una zona que es azotada frecuentemente por tornados devastadores. Si somos capaces de viajar a otro lugar donde no se den dichos tornados, tendremos mayor probabilidad de no ser arrollados por uno de ellos. Lo mismo sucede con los microorganismos en el ecosistema forestal, donde están fuertemente influenciados por condiciones climáticas de todo tipo.

Hasta este punto nos hemos centrado en nichos ecológicos en su mayoría inanimados, pero es hora de ir abordando la microbiota de los holobiontes. Al igual que ocurre con los humanos, la fauna de los ecosistemas forestales se encuentra colonizada por microorganismos, aunque el estudio de la misma se escapa de los objetivos de este libro. Es importante recordar que, desde los mamíferos hasta los invertebrados, todos los animales poseen su propia microbiota y, además, esta coloniza diferentes tejidos de su hospedador. Pensemos en las termitas, que se alimentan de hojas y madera. ¿Qué sería de ellas si en su tracto digestivo no habitaran hongos y bacterias que les ayudaran a digerir dichos alimentos? Es decir, microorganismos capaces de degradar celulosa y otros polímeros vegetales. Y aquí es donde volvemos a tener ante nosotros un ejemplo del dinamismo y la interconexión entre diferentes elementos del ecosistema forestal.

El jardín del vecindario forestal

Como no podría ser de otra manera, en nuestro ejemplo del vecindario forestal el jardín es otra de las estancias que no podían faltar. Las plantas, especialmente los árboles y el sotobosque, son elementos muy abundantes en el ecosistema en estudio, por lo que su microbiota asociada merece una mención especial; además, los microorganismos colonizan tanto la superficie como prácticamente el interior de todos los tejidos vegetales. Conocemos como endófitos a aquellos microorganismos que habitan en el interior de raíces, tallos, hojas e incluso flores, entre otros tejidos de su hospedador. Estableciendo nuevamente un paralelismo con el ser humano, sucede algo similar a lo que conocemos de la microbiota humana: nuestro tracto digestivo, parte del sistema urinario o por ejemplo la vagina están repletos de microorganismos que no solo no nos causan enfermedad, sino que nos proporcionan multitud de beneficios. La composición taxonómica de dicha microbiota depende fuertemente de la especie vegetal hospedadora, aunque en las raíces de las plantas leñosas es frecuente encontrar géneros pertenecientes al filo *Actinobacteria*, como *Streptomyces* y *Micromonospora*, ampliamente conocidos por su capacidad para producir compuestos antibióticos. ¿Cómo acceden los microorganismos al interior de los tejidos? Los endófitos de la raíz, por ejemplo, en su mayoría proceden del suelo rizosférico, pero otros son directamente transmitidos a través de las semillas de las plantas progenitoras. A esta transmisión madre-hija se la conoce como transferencia vertical.

Al igual que nuestra piel está recubierta de microorganismos, la superficie de las plantas también está habitada por diferentes microorganismos, a los que llamamos epífitos. Como hemos mencionado antes, a través de la atmósfera, los microorganismos y sus esporas son distribuidos por el ecosistema forestal y, por ende, entran en contacto con el follaje. Así, sobre la superficie de las hojas, y en general de la parte aérea de las plantas (filosfera), se depositan los microorganismos. Cierto es que la filosfera es un hábitat no demasiado abundante ni diverso en cuanto a la microbiota que alberga. Y es que, a pesar de ser rica en materia orgánica (polímeros vegetales), estos no son de fácil acceso para los microorganismos que allí habitan. Además, deben tenerse presente las condiciones extremas que imperan en este nicho ecológico, por ejemplo, la alta radiación solar a la que se ve sometida la superficie de las hojas. Se ha demostrado que, generalmente, los hongos son más abundantes que las bacterias, y entre estos destacan sobre todo las levaduras.

¿Qué sucede cuando las hojas caen al suelo, por ejemplo, en bosques caducifolios? El panorama cambia bastante. Una vez depositadas las hojas en el suelo, tiene lugar la llegada de los hongos saprótrofos que habitan en el mismo y que tienen capacidad de degradar la materia orgánica. Así que, las hojas, una vez que pasan a formar parte de la hojarasca, se convierten en un excelente alimento del menú fúngico. No nos debemos olvidar de las bacterias. El micelio de los hongos en la hojarasca es tan abundante que este, a su vez, se convierte en una excelente fuente de nutrientes para bacterias capaces de descomponerlo, como las micófagas. En definitiva, la hojarasca es un ejemplo perfecto de la cadena trófica, donde un organismo se alimenta de otro y en última instancia este es ingerido por otro de la cadena, y así sucesivamente.

Otra de las superficies vegetales cubierta por microorganismos es la de la corteza del tronco de los árboles. El protagonista principal en este caso es el liquen, ya que el resto de los microorganismos están muy poco representados. ¿Por qué crecen entonces los microorganismos de esta forma tan diferente? La responsable —parcialmente— es la resina sintetizada por muchos árboles, por ejemplo, los pinos. Esta tiene como función inhibir o dificultar el crecimiento microbiano para proteger al árbol productor de posibles microorganismos patógenos. Sin embargo, los líquenes son capaces de tolerar condiciones muy adversas, y se han ido adaptando evolutivamente a la presencia de la misma. Así, muchos árboles logran vestirse con ese manto tan especial que forman estos organismos e impiden la entrada de otros perjudiciales.

Aunque protegidos y longevos, los árboles no son eternos, y como todo ser vivo, terminan feneciendo. Sin embargo, aun muertos, siguen siendo un excelente reservorio de diversidad microbiana. Es posible que durante un paseo por el bosque nos hayamos encontrado restos de madera muerta. ¿Os habéis fijado que su aspecto es muy diferente a cuando estaba viva? En multitud de ocasiones se desprende la corteza y adquiere un aspecto menos terso, menos endurecido. Esto es fruto de la actividad de los hongos que la descomponen. No obstante, la cantidad y composición de los microorganismos que habitan en la madera de los árboles muertos varía considerablemente en función del tipo de bosque. Imaginemos un bosque que no es manejado por el ser humano y que, por lo tanto, no está sometido a clareos ni a procesos de limpieza. Allí, la madera muerta cae al suelo y puede llegar a superar cuantitativamente la biomasa de los árboles vivos. Como se desprende de las líneas anteriores, las comunidades microbianas de árboles vivos y muertos varía notablemente, por lo que, en este tipo de bosques podemos encontrar comunidades microbianas muy distintas.

Si volvemos a la canción *Colores en el viento* de la película *Pocahontas* (y versionada por diferentes autores), encontraremos una frase que reza como sigue: "[...] Mas toda roca, planta o criatura, viva está, tiene alma, es un ser". Y es que debemos tener muy presente que las rocas (y muchos de los elementos aquí citados) aunque no están vivas, albergan mucha vida. Sería imposible imaginar todos los constituyentes del ecosistema forestal sin su microbiota asociada.

CAPÍTULO 2

Actividad de la microbiota en el ecosistema forestal

"Procede como Dios que nunca llora o como Lucifer
que nunca reza o como el robledal cuya grandeza necesita
del agua y no la implora".

PEDRO BONIFACIO PALACIOS, *Almafuerte*

Una vez repasado *quiénes* forman parte de la microbiota forestal y *dónde* residen, es momento de responder la pregunta: ¿qué es lo que hacen los microorganismos en un ecosistema como este? En la actualidad existen relativamente pocos trabajos que determinen cuál es la función de la microbiota forestal y la mayoría de los estudios existentes se centran fundamentalmente en las comunidades fúngicas. Aun así, sabemos que en los ecosistemas en estudio existe cierto grado de especialización funcional; esto es, algunas *tareas* son llevadas a cabo exclusivamente por ciertos microorganismos, como la fijación de nitrógeno, de la que hablaremos más adelante. Por otro lado, entre los microorganismos que establecen asociaciones o interacciones entre sí (como las mencionadas entre los hongos y bacterias que conforman los líquenes), existe también cierta complementariedad funcional: uno *lava la ropa* y el otro *tiende la colada*. Pero ¿cómo se mantiene el equilibrio del ecosistema si uno de los microorganismos desaparece? ¿Se pierde la función concreta que este lleva a cabo? El ecosistema forestal es tan sumamente complejo a nivel microbiológico que la redundancia funcional es frecuente. Es decir, microorganismos que pueden estar alejados taxonómicamente entre sí pueden desempeñar las mismas funciones, de tal forma que la desaparición de uno es, en cierto modo, contrarrestada por otro.

Los microorganismos, un modelo a seguir en cuanto al reciclaje

Los organismos vivos estamos constituidos por compuestos orgánicos ricos en carbono (C), hidrógeno (H), oxígeno (O), nitrógeno (N), fósforo (P) y azufre (S), fundamentalmente. La materia orgánica en el ecosistema forestal no es más que aquella que forma parte de los seres vivos o sus productos (por ejemplo, los frutos o el polen de una planta). Cuando estos o parte de estos mueren, sufren un proceso de descomposición. Así, entre la materia orgánica en descomposición en el ecosistema en estudio podemos encontrar desde las hojas que conforman la hojarasca depositada hasta los propios animales o microorganismos muertos, pasando por componentes de origen animal, como las heces. Tal y como podremos imaginar, en términos cuantitativos, los restos vegetales son los más importantes en estos ecosistemas, siendo la lignocelulosa el material orgánico terrestre más abundante.

¿A qué nos referimos con lignocelulosa? No es más que una mezcla compleja de diferentes polímeros de origen vegetal (sustancias constituidas por unidades estructurales repetidas llamadas monómeros, que se asemeja a puzles formados por varias piezas repetidas). Esta está constituida primariamente por cantidades diversas de celulosa, hemicelulosa y lignina, además de contener pectina, compuestos nitrogenados y residuos minerales diversos. La composición de la lignocelulosa depende enormemente de la especie, tejido, edad y etapa de crecimiento de la planta de procedencia. Se considera que es el compuesto más recalcitrante (de difícil degradación) de la Tierra, ya que sus componentes forman una matriz muy compleja que a las plantas les proporciona estructura, rigidez y protección precisamente frente al ataque microbiano. Es decir, se asemeja a las barreras y murallas de un castillo muy bien protegido.

Pero que sea muy resistente a la acción microbiana no significa que sea un *muro* infranqueable. Algunos tipos de microorganismos son capaces de degradar esta *muralla* mediante la producción de ciertas enzimas, moléculas complejas de naturaleza proteica que actúan como *máquinas* moleculares, acelerando la velocidad de una reacción química. Dichas máquinas microbianas actúan facilitando la ruptura de los enlaces químicos que unen los monómeros constituyentes del polímero en cuestión. Además, los microorganismos son capaces de producir una batería muy diversa de enzimas, entre las cuales también destacan aquellas que modifican químicamente los productos de la degradación. De esta forma, la lignocelulosa va sufriendo modificaciones y va teniendo lugar la liberación progresiva de moléculas generalmente más sencillas y menos estables que la propia lignocelulosa. ¿Adónde nos lleva todo esto? ¿Por qué es interesante este proceso? Tengamos en cuenta que, por ejemplo, la celulosa está compuesta por múltiples *piezas* (monómeros) de glucosa. Así, cuando los microorganismos producen enzimas que actúan sobre dicho polímero, se liberan unidades de glucosa que estos (y otros microorganismos que viven en el mismo nicho ecológico) pueden utilizar como fuente de carbono y energía para su propio desarrollo. En cierto modo, el mencionado fenómeno recuerda al proceso de compostaje.

El mecanismo de degradación de la materia orgánica podría asemejarse al procedimiento mediante el cual un niño deshace una compleja construcción tridimensional hecha con bloques de múltiples colores y formas que encajan entre sí. Cuando la construcción está finalizada, esta es muy estable y es difícil que se rompa, pero cuando el niño la va desmontando con ayuda de su ingenio y sus manos, se van liberando los pequeños bloques que la conforman y que, a su vez, podrían servirle a él e incluso a otro niño para montar una nueva estructura. Siguiendo este paralelismo, la construcción sería la lignocelulosa, los bloques, los monómeros y otros compuestos, y las manos del niño podrían asemejarse a las enzimas descomponedoras.

Descomposición de la hojarasca

¿Te has preguntado alguna vez qué sucede con las hojas que se caen de los árboles en otoño en un bosque caducifolio?

Estas pueden llegar a persistir durante décadas en el suelo de los bosques (e incluso siglos, en casos más extremos). Aunque parezca que la hojarasca (y en general, los ecosistemas forestales) es un elemento estático, tenemos ante nosotros un nuevo ejemplo del dinamismo forestal. La hojarasca no permanece intacta durante todo el tiempo que permanece en el suelo, sino que está sometida al sofisticado proceso de descomposición. Ya sabemos lo que es la degradación de la materia orgánica, ¿qué microorganismos son entonces los responsables de este proceso? Son múltiples los miembros microbianos (incluso la fauna) que participan en la descomposición, aunque se llevan la palma los hongos. Los actores principales en este caso son los hongos saprótrofos, ya que poseen un gran arsenal enzimático a tal efecto, especialmente de enzimas glicosilhidrolasas (aquellas implicadas en la hidrólisis de carbohidratos y moléculas derivadas). Parte del éxito de estos hongos reside en la producción de enzimas pectinolíticas que actúan degradando la pectina, polisacárido relativamente abundante que conforma los tejidos vegetales no leñosos, por ejemplo, las hojas. Pero no nos olvidemos de las bacterias que, aunque su papel en la descomposición de la materia orgánica sea más sutil que el de los hongos, su rol en este proceso no es nada desdeñable. Tal es así que diferentes estudios han demostrado que, en bosques de coníferas, las bacterias incorporan a su metabolismo más carbono derivado de la celulosa que los propios hongos. En el caso de los bosques caducifolios, aproximadamente el 10% de las bacterias que habitan en la hojarasca son capaces de descomponer la celulosa.

Tanto en la superficie de las hojas como en la hojarasca fresca (recién depositada), los hongos son superiores a las bacterias en cuanto a su abundancia. Pero es hora de poner en relieve el papel de las bacterias en este nicho ecológico. Y es que, en la hojarasca, la actividad de las bacterias micófagas (capaces de *alimentarse* a partir del micelio fúngico) es crucial. Tan importante que, en la hojarasca de especies del género *Quercus* (como el roble albar), estas pueden llegar a suponer hasta un 40% de la población bacteriana total, coincidiendo con el momento en el que la abundancia de los hongos llega a su pico máximo. Es decir, en este hábitat, tanto el material vegetal (hojas, ramas, etc.) como el microbiano se descomponen y, por ende, se reciclan.

Quizá parezca extraño que las bacterias se alimenten a partir de los hongos teniendo material vegetal a su disposición. Pensemos en que el ecosistema forestal es complejo y frecuentemente hostil para el crecimiento microbiano, por lo que, evolutivamente, algunas bacterias han adquirido la capacidad de degradar el micelio de los hongos con los que cohabitan y compiten. Cuestiones de supervivencia. Pero ¿cómo se alimentan del micelio fúngico? Para poder responder es esencial tener en mente la composición del micelio fúngico, que está constituido por quitina (un polisacárido rico en nitrógeno que también forma parte del exoesqueleto de artrópodos o del caparazón de los crustáceos), otros polisacáridos y compuestos fenólicos como la melanina, pigmento que conocemos pues es el que da color a nuestra piel cuando nos bronceamos. Muchas bacterias son capaces de producir quitinasas (enzimas que degradan la quitina), que actúan como *armas* con las que *atacar* a los hongos que habitan en su mismo nicho. Así pues, la producción de estas enzimas responde tanto a una estrategia nutricional como a la necesidad de defenderse de posibles competidores fúngicos.

Hongos descomponedores, artistas de la pintura sobre madera

Los árboles que caen al suelo en los bosques son una importante fuente de materia orgánica, principalmente por la cantidad de madera. Sin embargo, esta es muy recalcitrante debido a su gran impermeabilidad y su alto contenido en lignina (además de estar compuesta de celulosa y hemicelulosa). A pesar de ello, existen diferentes tipos de hongos capaces de descomponer la madera, gracias a los cuales el ecosistema forestal *se tiñe de colores*. Por un lado, los denominados hongos de la podredumbre marrón o parda degradan selectivamente la celulosa y hemicelulosa, y modifican químicamente la lignina sin llegar a degradarla, otorgándole un color pardo. Por otro lado, los hongos de la podredumbre blanca (también conocidos como ligninolíticos) son los principales responsables de la descomposición de la lignina, aunque también tienen cierta capacidad de actuar sobre el resto de componentes de la lignocelulosa. Fruto de la actividad ligninolítica, la madera adquiere un color blanquecino.

Hemos hablado bastante en los párrafos anteriores sobre la actividad fúngica, pero aún no han aparecido en escena los hongos formadores de simbiosis ectomicorrícicas. Inicialmente, podríamos pensar que directamente no tienen ningún papel en la descomposición, pero esta idea hay que perfilarla un poco mejor. Los hongos ECM han perdido a lo largo de la evolución la capacidad de producir la inmensa mayoría de las enzimas necesarias para la degradación de la lignocelulosa. ¿Para qué voy a gastar energía en producir enzimas si ya me da mi planta hospedadora los nutrientes que necesito para mi desarrollo?, podrían preguntarse estos hongos. Sin embargo, se ha demostrado que los hongos ECM son capaces de modificar la lignocelulosa y que, incluso, algunos de ellos tienen la habilidad de pasar de un estilo de vida simbionte a saprótrofo en ausencia de plantas vivas y en presencia de material vegetal procedente de plantas muertas.

Independientemente del tipo de microorganismo descomponedor, hemos podido comprobar mediante diferentes ejemplos que la degradación microbiana de la materia orgánica supone un *reciclaje* de la misma puesto que esta pasa de formar parte de las plantas a la biomasa microbiana, de forma cíclica. Pero, además, tiene un efecto positivo sobre la calidad del suelo forestal. Algunos de los compuestos producidos tras la descomposición son capaces de unirse a las partículas del suelo, mejorando así la estructura y porosidad del mismo. Por otro lado, también se liberan minerales, mejorando, por consiguiente, la fertilidad del suelo y contribuyendo en última instancia a los servicios ecosistémicos.

La doble cara de la microbiota ante el carbono inorgánico

En los ecosistemas forestales, los microorganismos participan activamente en el *reciclaje* del carbono orgánico mediante los procesos recién descritos, pero contribuyen a la vida circular también del carbono inorgánico, por ejemplo, sintetizando metano. Y es que nos encontramos ante una moneda con sus dos caras. Hasta este punto hemos mencionado las bondades de la microbiota en el ecosistema en estudio, pero no todo el monte es orégano. Además de las conocidas emisiones por la actividades industriales, energéticas y ganaderas llevadas a cabo por el ser humano, ciertos microorganismos (generalmente, arqueas) producen este contaminante gas en el ecosistema forestal, por lo que reciben el nombre de metanógenos. Las arqueas metanógenas se encuentran con frecuencia en las capas más profundas del suelo de los humedales, donde escasea el oxígeno, y como consecuencia fermentan el CO_2 y lo transforman en CH_4.

¡Que no cunda el pánico! El propio ecosistema forestal es habitado por bacterias que oxidan el metano en presencia de oxígeno, conocidas como metanótrofas, que se encuentran en ambientes ricos en este gas, es decir, en las capas superiores del suelo de los humedales, donde, además, hay un nivel más alto de O_2. Igualmente, también se han detectado bacterias metanótrofas en la superficie de la corteza de algunos árboles.

Para que volvamos a tener confianza en el efecto positivo de la microbiota en los ecosistemas forestales, añadiremos un ejemplo de microorganismos capaces de consumir gases de efecto invernadero. Los organismos autótrofos son excelentes productores primarios, es decir, al igual que la vegetación, son capaces de producir compuestos orgánicos a partir del CO_2 ambiental. En este grupo destacan las cianobacterias, algunas bacterias del *phylum Proteobacteria* y ciertos protistas.

Historia de un abrelatas microbiano

Si preguntáramos en la calle a los ciudadanos de a pie cómo se imaginan el ecosistema forestal, seguramente muchos afirmarían que se trata de un entorno en el que las plantas tienen gran cantidad de recursos y nutrientes a su disposición. Si bien es cierto que en estos ecosistemas podemos encontrar una miríada de los elementos químicos que necesita la vegetación para su desarrollo (nitrógeno, fósforo, potasio, entre otros), en la mayoría de los casos estos se encuentran de forma poco biodisponible. La biodisponibilidad no es más que la capacidad de los nutrientes del suelo de ser absorbidos por las plantas y suele ser un factor nutricional limitante en la mayoría de los suelos forestales. Es decir, en estos ecosistemas, los nutrientes están, pero de forma poco asimilable por parte de las plantas. Además, debemos tener presente que, pese a que un bosque esté manejado por el ser humano y reciba ciertos tratamientos silvícolas (clareos, talas, etc.), raramente se aplican enmiendas o fertilizantes. ¿Cómo sobrevive entonces la vegetación e incluso algunos árboles pueden llegar a vivir cientos de años? Pues aquí es donde la microbiota forestal desempeña un papel importante, especialmente la que habita en el suelo, y más concretamente, en la rizosfera. En términos generales, el ecosistema forestal recuerda a una enorme despensa llena de latas de conserva muy variadas, en la que nos encontramos hambrientos, pero no disponemos de un abrelatas. En este ejemplo, los microorganismos serían equiparables a los abrelatas con los que poder acceder a toda la comida contenida en las latas. El *mecanismo de apertura de las latas* varía en función del tipo nutriente que consideremos, como veremos a continuación.

Fijación de nitrógeno atmosférico

El nitrógeno es un elemento fundamental de todos los seres vivos puesto que forma parte de los ácidos nucleicos y las proteínas. Además, es sumamente abundante en el ecosistema en estudio ya que la atmósfera está constituida por aproximadamente un 78% de N_2. ¿Qué puede fallar entonces? Como adelantábamos unas líneas antes, no se encuentra de forma biodisponible. Los dos átomos de nitrógeno que constituyen este gas se encuentran unidos por un fuerte triple enlace, tan fuerte que ni las plantas son capaces de romperlo, por lo que, aunque estén rodeadas de N_2, se les *escapa*. Afortunadamente, en estos ecosistemas habitan microorganismos diazotrofos, o lo que es lo mismo, aquellos que son capaces de transformar el N_2 en amonio (NH_4^+), un compuesto nitrogenado que sí es asimilable por las plantas. Y es que los diazotrofos son capaces de producir la enzima llamada nitrogenasa que, estableciendo un paralelismo con la vida cotidiana, podríamos considerar como un alicate que rompe con eficiencia el triple enlace que une los dos átomos de nitrógeno.

En este caso, debemos romper una lanza a favor de los organismos procariotas ya que es un proceso que, hasta la fecha, no se ha detectado en eucariotas (como los hongos). Aunque lo único que tienen en común los fijadores de nitrógeno es la producción de nitrogenasa, ya que esta capacidad se ha observado en procariotas alejados filogenéticamente, como son las eubacterias y las arqueas. La mayoría de los organismos diazotrofos pertenecen al primer grupo; además, son responsables de la entrada de un 95% del nitrógeno total que penetra en los ecosistemas en estudio. Y es que no solo son diversos taxonómicamente, sino que, además, tienen modos de vida bastante diferentes. Por un lado, destacan los denominados fijadores de vida libre, esto es, aquellos que fijan el nitrógeno sin vivir en asociación simbiótica con las plantas. Este grupo, a su vez, también se caracteriza por su gran diversidad en cuanto al metabolismo se refiere, ya que existen fijadores de vida libre tanto aerobios (por ejemplo, las bacterias del género *Azotobacter*) como anaerobios (algunas arqueas metanógenas), pasando por las bacterias fotosintéticas, como algunas cianobacterias.

Un importante grupo de fijadores de nitrógeno lo forman aquellos microorganismos que llevan a cabo esta función en simbiosis con plantas porque la planta necesita imperiosamente este elemento en forma biodisponible, y qué mejor que establecer una simbiosis con aquellas bacterias con dicha capacidad. Pero la ruptura del triple enlace conlleva un gran gasto energético, por lo que las plantas hospedadoras ofrecen a cambio alojamiento y manutención a los fijadores, es decir, un micronicho en el que vivir y nutrientes. Un excelente ejemplo de este tipo de simbiosis es de los rizobios, bacterias que establecen este tipo de relación simbiótica con plantas leguminosas, por ejemplo, *Bradyrhizobium* y el arbusto *Genista versicolor*, típico del ecosistema forestal del sudeste de España. Otro ejemplo es la simbiosis establecida entre algunas bacterias (género *Frankia*) y especies concretas de árboles, por ejemplo, el aliso (*Alnus glutinosa*).

El ciclo del nitrógeno se compone de muchas otras reacciones que también tienen lugar en el ecosistema forestal. En aras de la brevedad, estas —junto con el resto de procesos a continuación explicados— se recogen en la figura 3.

FIGURA 3

Conexión de los ciclos biogeoquímicos que tienen lugar en el ecosistema forestal y son mediados por la microbiota forestal. Los rectángulos rellenos representan procesos relativos a nutrientes concretos, mientras que los vacíos hacen referencia a los organismos vivos o a procesos relativos a varios nutrientes diferentes. Algunos procesos complejos se representan sintetizados, como la reducción del hierro.

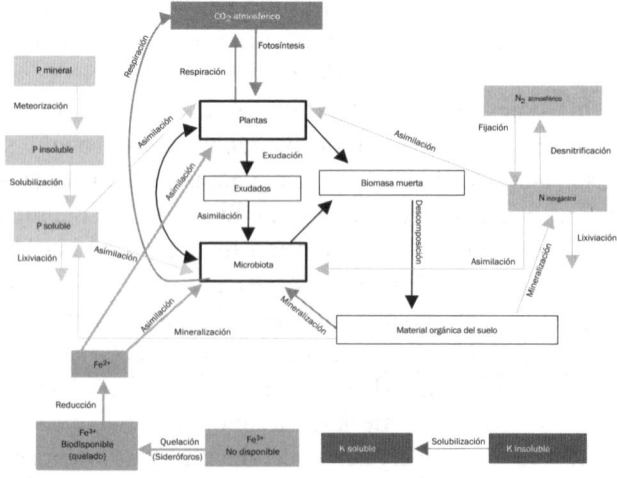

FUENTE: ADAPTADO DE LLADÓ *ET AL.* (2017).

Solubilización de fósforo y potasio

Otros elementos que son tan esenciales para las plantas como poco solubles (y por tanto, poco biodisponibles) son el fósforo y el potasio. El primero forma parte de biomoléculas tan importantes como los ácidos nucleicos y los fosfolípidos, mientras que el segundo participa en funciones fisiológicas como la apertura de los estomas o la activación de algunas enzimas. Pero en los ecosistemas forestales, la mayoría del fósforo forma parte de minerales y rocas o se combina con cationes como calcio (Ca^{2+}), hierro (Fe^{3+}), aluminio (Al^{3+}), cobalto (Co^{2+}) o zinc (Zn^{2+}), quedando en forma no disponible para las plantas. Algo similar ocurre con el potasio, que se encuentra también en rocas y otros minerales como las micas (por ejemplo, la moscovita o biotita) o los feldespatos. Pero el problema no queda ahí, porque además de encontrarse en forma poco soluble, la fuente primaria (rocas, piedras, minerales) de ambos elementos no es ilimitada.

Podemos imaginar que, por muy abundantes (y necesarios) que estos elementos sean en el ecosistema en estudio, ni las plantas más pequeñas ni las más impresionantes secuoyas son capaces de alimentarse de estas fuentes insolubles. Los microorganismos también desempeñan un papel importante en este sentido: son capaces de liberar los nutrientes atrapados en las rocas mediante un proceso que se conoce como meteorización mineral, así como de solubilizar los fosfatos insolubles. Aunque las bases químicas de estos procesos se escapan de los objetivos de este libro, una breve síntesis puede ayudar a conocer las facultades de la microbiota forestal.

Imaginemos que el fósforo inorgánico se encuentra unido a un catión de los que mencionamos anteriormente, formando un compuesto insoluble sobre el que se desarrollan hongos filamentosos, ECM, bacterias o incluso levaduras (o todos ellos). Estos, mediante la liberación extracelular de ácidos orgánicos (cítrico, glucónico, oxálico, succínico, láctico, málico, entre otros), protones o incluso ácido sulfúrico (H_2SO_4), nítrico (HNO_3) o clorhídrico (HCl), acidificarán el nicho ecológico en el que se hallan. De esta forma, y tal y como se ejemplifica con la ecuación que se plantea a continuación, tiene lugar una captación (unión) del catión por parte del ácido y, en consecuencia, se producirá la liberación de las formas solubles de fósforo. Seguramente, este fenómeno lo hemos observado alguna vez, y es que ocurre algo similar cuando empleamos vinagre (rico en ácido acético) para eliminar la cal depositada (en la que se acumula el carbonato cálcico, $CaCO_3$) en nuestra tetera o nuestra mampara.

$$Ca_3(PO_4)_2 \text{ (insoluble)} + 3H_2SO_4 \rightarrow 3CaSO_4 \text{ (soluble)} + 2H_3PO_4 \text{ (soluble)}$$

Diferentes microorganismos son capaces de solubilizar fosfatos e incluso llevar a cabo una meteorización química, pero los hongos ECM pueden iniciarla de manera mecánica. Curiosamente, el interior de las hifas de los hongos puede alcanzar una presión muy elevada (8 MPa, uno o dos órdenes de magnitud superior a la presión que alcanzan otros microorganismos). Así, las hifas pueden crecer tan fuertemente adheridas a la superficie de algunos minerales que, en combinación con la alta presión interna, se produce una fuerza o tensión tal que la estructura de la superficie se ve modificada, e incluso se producen microcavidades. En el caso de minerales como el feldespato o la hornblenda, se forman túneles microscópicos que facilitan la meteorización posterior por los ácidos liberados por los hongos.

Aunque el ejemplo del fósforo inorgánico que compone las rocas puede ser algo llamativo, no nos debemos olvidar del fósforo orgánico. En el ecosistema forestal, este es muy abundante al estar presente en gran parte de las biomoléculas conocidas, desde los fosfolípidos hasta los ácidos nucleicos, por lo que su reciclaje constituye una parte nada desdeñable del ciclo de este elemento. En un proceso denominado mineralización, el fósforo orgánico es transformado en diferentes formas inorgánicas solubles (fosfatos) que pueden ser absorbidas e incluso asimiladas por las plantas. Este fenómeno puede recordarnos, en cierto modo, al proceso anteriormente mencionado de degradación de los polímeros vegetales constituidos por unidades de glucosa (polisacáridos), y tal y como sucedía en aquel caso, la mineralización del fósforo ocurre gracias a diferentes enzimas de origen microbiano como fosfatasas, fitasas y liasas.

El caso del hierro

Si la nutrición en el ecosistema forestal aún no le parece al lector complicada para las propias plantas, debe considerar el hierro (Fe), el cuarto elemento más abundante en la biosfera. En línea con los dos últimos nutrientes estudiados, el hierro se suele encontrar combinado formando hidróxidos u oxihidróxidos altamente insolubles y poco biodisponibles, especialmente en su forma trivalente (Fe^{3+}). Las plantas y los propios microorganismos requieren el hierro para su desarrollo, pero este puede llegar a ser muy cotizado en ciertos nichos ecológicos como la rizosfera, pues existe una gran competencia por el mismo entre los microorganismos.

Aunque a grandes males, grandes remedios. Muchas bacterias que habitan en la rizosfera son capaces de producir sideróforos. Se trata de unas moléculas que tienen alta afinidad por elementos como el hierro, concretamente por el Fe^{3+}. Los sideróforos actúan como agentes quelantes, es decir, secuestran el Fe^{3+} y forman complejos muy estables con él. Así pues, una vez las bacterias producen el sideróforo, el complejo sideróforo-Fe^{3+} es captado por la planta, y el Fe^{3+} es reducido a Fe^{2+}, la forma biológicamente activa.

¿Por qué la producción de sideróforos es un gran remedio, como mencioné al inicio del párrafo anterior? La producción de sideróforos tiene una función dual. Ciertos hongos patógenos de plantas (fitopatógenos) son incapaces de producir estos agentes quelantes, o los que producen son de menor afinidad por el hierro que los de origen bacteriano. Así pues, el secuestro de este elemento por parte de las bacterias puede limitar el desarrollo de los fitopatógenos y, en última instancia, proteger a las plantas de ser atacadas por sus enemigos. Se trata de una mera competición por los nutrientes entre microorganismos.

Ya hemos aprendido que muchos microorganismos pueden ayudar a mejorar la nutrición de las plantas, pero ¿qué sucede con el resto de microorganismos? ¿No pueden aprovechar los nutrientes que movilizan, también para su propio desarrollo? Tajantemente, sí. Experimentos realizados en el año 1999 demostraron con un isótopo del fósforo fácil de trazar (^{32}P) que este elemento es transferido desde el micelio de hongos saprótrofos a hongos ECM, además de a su árbol hospedador. Por tanto, el papel de la microbiota en la movilización de los nutrientes en el ecosistema forestal es crucial y sucede, además, a varias escalas tróficas.

Fósforo, potasio, hierro y otros elementos son ingredientes excelentes del menú de las plantas. Pero ¿qué y cómo beben estas? No es concebible el mejor manjar del mundo sin una bebida a su lado. Algo que nos parece incuestionable en nuestros hábitos, es extrapolable al mundo vegetal. La vegetación forestal puede permanecer periodos largos sin recibir una gota de lluvia y aun así crecer vigorosamente. En este sentido, los hongos micorrícicos desempeñan una gran labor, ya que le suministran tanto nutrientes como agua a su planta hospedadora. Así, cuando desarrollan su micelio en el suelo, este puede llegar a explorar un gran volumen del mismo y con ello, incrementar el volumen útil de absorción de nutrientes y agua.

Acceso a los nutrientes

Si dentro de la despensa que comentamos anteriormente nos encontráramos hambrientos, los abrelatas nos resultarían excepcionalmente útiles en ese momento. Sin embargo, si la despensa estuviera lejos de nosotros, de poco nos servirían los abrelatas por mucho que los tuviéramos a mano. En el ecosistema forestal ocurre exactamente lo mismo. La rizosfera suele ser un nicho rico en microorganismos solubilizadores, sin embargo, en ocasiones, la fuente mineral no se encuentra próxima a las raíces. Esta dificultad espacial es superada gracias a los hongos ECM que, como sabemos, forman una gran red de micelio en el suelo de muchos bosques. No solo facilitan la absorción de nutrientes como el fósforo o el nitrógeno, sino que, además, son capaces de transportarlos de un nicho relativamente alejado a la raíz de la planta hospedadora, a través del micelio. Podríamos compararlos con repartidores de comida a domicilio, aunque esta afirmación realmente está incompleta y muy resumida. Y es que no solo distribuyen nutrientes para las plantas: algunas bacterias son capaces de dispersarse sobre la superficie de las hifas, hasta el punto de que en la literatura científica se conocen como autopistas fúngicas (*fungal highways*). Se cree que esta estrategia les permitiría a las bacterias alcanzar nuevos nichos ecológicos y sobrepasar ciertas barreras (por ejemplo, poros en el suelo llenos de aire) que les impedirían llegar a su destino.

Un ejército microbiano

En algún momento de nuestras vidas es posible que hayamos tenido una concepción negativa de los microorganismos. Gripe, varicela, gastroenteritis, incluso alguna que otra pandemia mundial no han ayudado mucho a que nos forjemos una imagen muy amable de estos organismos microscópicos. Sin embargo, no todos son patógenos y, lo que es más, algunos de ellos ayudan precisamente a hacer frente a amenazas externas, como los agentes infecciosos.

Por disparatado que parezca, los vegetales y los humanos compartimos algunos aspectos de nuestro sistema de defensa frente a patógenos y por lo tanto se pueden establecer bastantes paralelismos entre unos y otros. Por ejemplo, las plantas —y por supuesto también los árboles— pueden enfermar a causa de una infección microbiana e incluso superar la enfermedad. ¿Cómo puede una planta hacer frente a una infección causada por un microorganismo? En general, los vegetales poseen un sistema de defensa que recuerda en cierto modo al sistema inmune de los mamíferos. En primer lugar, disponen de ciertas barreras mecánicas, físicas e incluso químicas que dificultan la penetración de los patógenos al interior de las plantas o el ataque por parte de herbívoros (siendo estos desde mamíferos hasta insectos). ¿Os habéis fijado que algunas plantas poseen espinas, hojas recubiertas de cera o que algunos frutos inmaduros son amargos? No es un capricho evolutivo o estético, sino una forma de repeler a los enemigos que las atacan, por ejemplo, mediante mordiscos. Pero por si se enfrentan a un enemigo capaz de sobrepasar estas barreras, las plantas han desarrollado complejos mecanismos bioquímicos que les permiten hacer frente a los organismos atacantes.

No es objeto de este libro repasar los cambios bioquímicos y moleculares que tienen lugar, pero debe quedarnos claro que en el mundo vegetal se encuentran mecanismos muy sofisticados de protección frente a estreses bióticos (también abióticos). Por ejemplo, ante el ataque por un hongo foliar, las plantas responden rápidamente mediante la conocida respuesta hipersensible, la cual conlleva, en última instancia, la muerte programada de las células vegetales en el lugar de la infección. Es decir, para que la infección fúngica no pueda progresar y extenderse por el resto de la planta, las células vegetales se *suicidan* a nivel local. Es frecuente, también, el engrosamiento de la pared celular vegetal, lo que sería equiparable a la construcción de una muralla protectora de varias capas de ladrillos. La sofisticación no queda ahí, pues, además, se produce una llamada de alerta (resistencia sistémica adquirida) —gracias a un proceso bioquímico complejo— desde la zona afectada al resto de la planta para que esta se encuentre preparada para luchar en caso de que el patógeno sea un digno combatiente.

La evolución ha logrado que los diferentes herbívoros y patógenos desarrollen, a su vez, mecanismos para superar todo este tipo de impedimentos vegetales. Ello obliga a las plantas a disponer de un ejército que les ayuda a luchar frente a los ataques. ¿Quién ayuda entonces a los vegetales a luchar? Como no podría ser de otra manera, su microbiota asociada, que suele considerarse como su primera línea de defensa. Como buen ejército, la microbiota dispone de un arsenal de armamento con el que enfrentarse a los patógenos que ponen en riesgo su integridad y la de la planta hospedadora. En las siguientes líneas explicaremos las armas y estrategias utilizadas durante la *batalla microscópica* que se libra en el ecosistema forestal entre la microbiota beneficiosa y los patógenos.

Las principales armas del ejército microbiano

Las bacterias, hongos (incluidas las levaduras) y otros microorganismos son conocidos por ser una fuente enorme de metabolitos o sustancias de diferente composición y estructura química, por lo que podrían considerarse una *fábrica metabólica*. En presencia de un patógeno, muchas bacterias (entre las que destacan los actinomicetos o bacterias del *phylum Actinobacteria*) y hongos son capaces de producir antibióticos que inhiben o frenan el desarrollo del mismo, y que tienen la misma función que los que tomamos cuando tenemos una infección bacteriana.

Podría escribirse otro libro solamente enumerando todos los metabolitos producidos por la microbiota forestal en respuesta a estreses bióticos, pero no me gustaría que los árboles no nos dejaran ver el bosque, por lo que simplemente debemos tener en mente que los metabolitos, en última instancia, inhiben o frenan el crecimiento del microorganismo sobre el que actúan. Estos metabolitos pueden ser antibióticos propiamente dichos, toxinas o pequeños péptidos denominados bacteriocinas. El mecanismo de actuación de estos compuestos puede ser muy variable: algunos impiden que las células del organismo fitopatógeno obtengan energía de forma normal, mientras que otros comprometen la integridad de la membrana plasmática de las esporas y zoosporas (esporas producidas por oomicetos). Destacan los biosurfactantes producidos por bacterias y hongos, es decir, moléculas capaces de modificar la tensión superficial de un líquido y que, por lo tanto, facilitan la mezcla de sustancias inmiscibles como el agua y el aceite. Estos alteran la permeabilidad de la membrana celular de los patógenos y actúan como si fuera un jabón disolviendo la misma, por lo que, en última instancia, se produce la lisis de las células. Además, estas moléculas pueden formar complejos con metabolitos o toxinas producidas por el patógeno en cuestión, interfiriendo en el proceso de infección. Son un buen ejemplo de la relevancia de la microbiota a diferentes niveles pues, además del potencial en el ámbito forestal y agrícola, se emplean en la industria de la limpieza, en la formulación de jabones, detergentes, etc.

Al hilo de la lisis celular debemos mencionar de nuevo a unas viejas conocidas: las enzimas degradadoras. Al inicio de este capítulo ya vimos que estas máquinas moleculares son capaces de facilitar la ruptura de complejos polímeros vegetales. La diversidad de enzimas producidas por los microorganismos es tan vasta que existen algunas, como las quitinasas, proteasas y lipasas (entre otras), que actúan sobre la quitina —el componente principal de la pared celular de muchísimos hongos—, las proteínas y los lípidos de las membranas celulares, respectivamente. ¿A qué nos referimos con "actuar sobre"? Basta con equiparar a todos esas enzimas con tijeras; así, estas directamente rompen las paredes celulares y la membrana lipídica que envuelve a las células de algunos patógenos, produciéndose una lisis de las células y la muerte del patógeno en cuestión.

Para lograr buenos resultados hay que entrenar

A priori puede parecer que las plantas son simplemente entes sésiles que se limitan a experimentar el transcurso del tiempo. Pero son seres capaces de detectar todo tipo de estímulos, gozan de un metabolismo inmenso y muy diverso, y se defienden de agentes estresantes de forma eficiente. Son capaces de responder frente a un insecto taladrador que está perforando el tronco del árbol. Aunque ya hemos visto que no siempre lo logran solas y muchas veces, además, el equipo microbiota-hospedador (el equipo holobionte) necesita previamente entrenar. En ocasiones, la batalla frente a los patógenos no requiere la síntesis de compuestos con actividad antimicrobiana. ¿Cómo lo logran entonces? Microorganismos como los hongos filamentosos, micorrícicos y bacterias son capaces de producir compuestos que conocemos como elicitores o, lo que es lo mismo, moléculas que alertan a su hospedador vegetal e inducen la activación del sistema de defensa de la planta. Se trata de una comunicación entre los miembros del holobionte que resulta en la expresión de un complejo entramado de rutas de señalización que, a su vez, conlleva cambios en la capacidad defensiva de la planta. Estos están destinados a que el propio hospedador vegetal se pueda proteger mejor frente al ataque de un patógeno, por ejemplo, mediante la acumulación de calosa, un polisacárido vegetal que engrosa la pared celular vegetal y dificulta el acceso y movimiento de posibles patógenos. Esta respuesta defensiva se produce solamente frente al ataque del patógeno, pero no en ausencia de este. A este fenómeno se le conoce como resistencia sistémica inducida y, en síntesis, las plantas quedan en estado de alerta, capaces de reaccionar rápidamente ante la llegada de un futuro agente patógeno. Además, toda la planta queda en alerta, y de ahí lo de respuesta sistémica.

¡SOS, nos atacan!

Ya he mencionado directamente los mecanismos mediante los cuales los microorganismos protegen a sus hospedadores frente a diferentes agentes patógenos. Pero ¿qué es lo que mueve a la microbiota a actuar como un ejército?

En presencia de una perturbación (que puede ser desde el ataque por un herbívoro hasta un evento de sequía extrema), las plantas alteran su metabolismo y sintetizan compuestos, algunos de los cuales pueden ser liberados a través de las raíces y hacia la rizosfera. Los microorganismos detectan muchos de estos metabolitos e incluso les resultan atractivos, por lo que son atraídos a las inmediaciones de la raíz. Este reclutamiento es selectivo y la planta exuda compuestos que atraen de forma específica a la microbiota beneficiosa para su propia supervivencia; es decir, es como si la planta mandara una señal de socorro y reclutara a filas a su ejército cuando esta es atacada o está estresada. A este fenómeno se le conoce como estrategia llamada de socorro (*cry for help*).

El reclutamiento de la microbiota beneficiosa puede suponer, en ocasiones de éxito, la muerte o inhibición del organismo fitopatógeno. Esta protección frente al patógeno o estrés concreto puede perdurar en el tiempo y proteger a las futuras generaciones de plantas frente a ese mismo agente dañino. Es decir, la microbiota que ha podido resultar beneficiosa para el hospedador se puede mantener en el suelo (y reproducirse), de tal forma que ese suelo —y por ende las plantas que en él crecen— quedan protegidas. A este fenómeno lo conocemos como legado o herencia del suelo (*soil-borne legacy*) y aún queda por conocer cuáles son los mecanismos que rigen la mencionada herencia. Cabe destacar que se trata de un fenómeno observado más comúnmente en ciertas plantas de interés agronómico y que, en ocasiones, las interacciones planta-microorganismo que tienen lugar no resultan en un efecto beneficioso para el hospedador vegetal.

La gran red de micelio fúngico

Los árboles que conforman un bosque pueden parecernos seres solitarios e independientes; sin embargo, bajo el suelo, la realidad es otra bien diferente. En el ecosistema forestal, las plantas están más conectadas entre sí de lo que nos pensamos;

de hecho, se comunican y dialogan entre ellas de forma silenciosa. Esto ocurre gracias al crecimiento miceliar dentro, sobre la superficie de las raíces y fuera de las mismas, dando lugar a la formación de un entramado o red extensísima de micelio. Esta red puede ser tan amplia que permite que el sistema radicular de diferentes plantas quede estrechamente conectado.

Este complejo entramado recuerda en cierto modo a la gran red de internet que todos usamos diariamente, especialmente a los sistemas de mensajería instantánea que empleamos para comunicarnos con familiares, amigos, etc. En el ecosistema forestal las plantas interaccionan entre ellas y se mandan *mensajes* con frecuencia, pero ¿por qué o para qué se comunican entre sí? Para responder esta pregunta es esencial recordar que las plantas juegan en cierta desventaja si las comparamos con el ser humano: ellas no se desplazan ante un peligro inminente (aunque recordemos que sí se mueven, por ejemplo, en búsqueda de la luz). Es por ello que cuando una planta es atacada por un patógeno o un herbívoro, produce moléculas que son liberadas a través de los exudados radiculares y que son *vertidas a la red*, esto es, son transmitidas a través del gran entramado de micelio fúngico para advertir a los árboles sanos circundantes de la presencia de un organismo dañino. Esta comunicación permite a las plantas sanas activar su sistema de defensa y protegerse frente a una posible agresión biótica. Por otro lado, los árboles más longevos podrían ser capaces de reconocer a sus retoños (árboles jóvenes que crecen bajo su sombra) y de transferirles los nutrientes necesarios para su desarrollo a través del micelio fúngico.

Sin embargo, al igual que en internet, también existen quienes *hackean el sistema*. Las orquídeas del género *Corallorhiza* son capaces de parasitar ciertos hongos micorrícicos y, por lo tanto, robarles los recursos a árboles aledaños y sabotear el sistema en pro de su desarrollo. De hecho, algunas especies vegetales como el nogal negro (*Juglans nigra*) son capaces de detectar la presencia de otras plantas próximas que compiten por sus mismos nutrientes. A modo de respuesta, producen unas sustancias denominadas juglonas que se trasmiten a través de esta red y que tienen efecto negativo sobre sus competidores, reduciendo su crecimiento o, incluso, inhibiendo la germinación de las semillas. Tanto en estos casos como en los anteriores, los microorganismos actúan de mensajeros facilitando que las plantas *chateen* entre sí.

¿Qué tienen en común una seta, una medusa y una luciérnaga?

En la mitología, las setas han sido elementos especiales, pues son la vivienda en la que habitan seres fantásticos. Cierto es que en los ecosistemas forestales son también elementos icónicos. Durante el día, llaman la atención por sus colores y formas; durante la noche, muchas de las setas son también un ser llamativo. Algunas especies crean y emiten luz que es más visible de noche o, como se dice popularmente, *brillan en la oscuridad*. Este fenómeno, que conocemos como bioluminiscencia, tiene un importantísimo papel ecológico, y va mucho más allá de *decorar* el ecosistema forestal.

La bioluminiscencia ya fue referida en su momento por el filósofo Aristóteles y se ha especulado reiteradamente entre la comunidad científica sobre su posible función. Dependiendo del organismo emisor de luz (hongos, medusas, luciérnagas, peces, etc.), esta puede servir para atraer la atención, como mecanismo de cortejo sexual o para todo lo contrario, alejar a posibles depredadores (aposematismo). También se ha planteado la posibilidad de que la emisión de luz sirva como mecanismo de ataque.

Sin embargo, en 2015, científicos de Brasil y Estados Unidos arrojaron luz sobre la posible función de la bioluminiscencia fúngica en los ecosistemas forestales. Estos demostraron que en el caso del hongo *Neonothopanus gardneri*, la emisión de luz permitía dispersar las esporas fúngicas en el bosque. Dichos investigadores desarrollaron unas setas artificiales fabricadas con resina acrílica y dotadas con LED que emitían luz en el mismo espectro y a la misma intensidad que dicho hongo, y lograron comprobar que estos dispositivos retenían mayor cantidad de hemípteros, dípteros, himenópteros y coleópteros en comparación con las mismas setas artificiales que no estaban dotadas de bombillas LED.

Gracias a la atracción de los insectos, la diseminación de las esporas fúngicas es más eficiente. La dispersión de esporas en el ecosistema forestal tiene lugar fundamentalmente durante la noche o las primeras horas de la mañana (cuando la humedad ambiental es mayor), por lo que el transporte de las esporas en el periodo nocturno por parte de los insectos ayuda a los hongos a reproducirse. Este fenómeno es especialmente importante en bosques cerrados, muy densos, donde las corrientes de viento a nivel del suelo son muy limitadas. Los mencionados investigadores demostraron, además, que la emisión de luz por parte de este hongo sigue un ritmo circadiano concreto.

Existen múltiples especies de hongos bioluminiscentes, como *Armillaria mellea* (conocido como hongo de la miel), un importante patógeno de muchos árboles, o *Mycena haematopus*, un hongo que es conocido como casco de hada sangrante pues libera gotas de látex de color rojo vino que recuerdan a la sangre.

Una vez repasados los beneficios de la microbiota forestal, especialmente la que habita en el suelo, podemos volver a recordar la letra de la canción *Colores en el viento*. Al final de la canción, mientras Pocahontas coge en sus manos un puñado de tierra y se lo enseña a John Smith, canta: "[...] Si no entiendes qué hay aquí, solo es tierra para ti". Y es que, mientras ignoremos la cantidad de beneficios que la microbiota del suelo supone para la vegetación del ecosistema forestal, simplemente será un puñado de tierra inerte para nosotros y no un recurso valiosísimo.

CAPÍTULO 3

La sensibilidad microbiana

"Si supiera que el mundo se acaba mañana, yo, hoy, todavía
plantaría un árbol".

MARTIN LUTHER KING

A lo largo de los capítulos anteriores hemos descrito quiénes
son, dónde viven y qué hacen los microorganismos presentes
en los ecosistemas forestales. Recordemos que, en las diferentes estancias del vecindario forestal no siempre nos encontramos con los mismos individuos. Por ejemplo, vimos que los
líquenes eran muy abundantes sobre la superficie de la corteza de los troncos, pero que en la hojarasca predominan los
hongos y bacterias descomponedores de la materia orgánica.
¿Qué es lo que determina la composición de las comunidades
microbianas en los diferentes nichos del ecosistema forestal?
Esta pregunta tiene difícil respuesta, ya que las condiciones
ambientales que rigen, por ejemplo, los diferentes tipos de
bosques son muy diversas. Grandes nevadas invernales en los
bosques boreales, copiosas lluvias en los tropicales y subtropicales e incluso intensas y frecuentes sequías estivales en los
bosques mediterráneos son muestras de la diversidad climática. Y los microorganismos son sensibles, esto es, capaces de
percibir lo que les rodea.

Pero no es el clima lo único que hace al ecosistema forestal diverso, ya que distintos tipos de suelo pueden ser pobres
en diferentes tipos de nutrientes y, por lo tanto, la flora que
sobre ellos se desarrolla tendrá requerimientos nutricionales
concretos. A los seres humanos nos ocurre exactamente lo

mismo. Por ejemplo, la población asiática suele tener carencias de vitamina A, pues el arroz, alimento muy consumido en ese continente, es pobre en esta vitamina. Por el contrario, en Europa, más del 50% de la población de más de 60 años no ingiere una cantidad suficiente de vitamina D. Así pues, todos necesitamos suplementar la dieta de distinta manera. En el ecosistema forestal las limitaciones nutricionales de las plantas hacen que estas requieran microorganismos concretos, como vimos en el capítulo anterior. Además, debemos tener presente nuevamente el concepto de holobionte. La vegetación necesita a la microbiota para adaptarse a todos los cambios que caracterizan el ecosistema en estudio. A la capacidad de reestructuración de la microbiota del hospedador frente a cambios ambientales se le denomina flexibilidad microbiana. Pero ¿cómo logran los microorganismos esta adaptación? Básicamente, mediante la reestructuración de la comunidad microbiana, reclutando unos microorganismos y perdiendo otros. Nos encontramos nuevamente frente a una demostración del dinamismo de la microbiota forestal. Ante cambios drásticos en el ecosistema (por ejemplo, un evento de sequía extrema), tiene lugar una rápida respuesta microbiana para lograr adaptarse a las nuevas condiciones ambientales (desarrollo de microorganismos que facilitan la absorción vegetal del agua, como los hongos ECM).

El genoma de la planta como raíz de la cuestión

Recordemos el vecindario forestal del capítulo 1, donde cada estancia representa un nicho ecológico. Consideremos específicamente las viviendas que corresponden exclusivamente a los hábitats vegetales, como la rizosfera, filosfera, endosfera de la raíz, etc. En un bloque de pisos, cada familia vive en su piso concreto, y todas ellas son diferentes. En el vecindario forestal ocurre algo muy similar: la comunidad microbiana de cada ecosistema suele ser específica y diferente entre los diferentes nichos ecológicos. Es posible que en este punto pueda surgir la pregunta de por qué ciertos microorganismos son más abundantes en ciertos órganos de la planta o cómo se realiza la distribución de vecinos en cada una de las viviendas del vecindario forestal.

El genotipo de la planta es uno de los factores que más determina la composición de sus comunidades microbianas asociadas. Para entenderlo mejor, imaginemos el bloque de pisos anteriormente citado. ¿Quién decide qué vecinos habitan en cada vivienda? Generalmente, esto es decisión del propietario de cada una de ellas: él decide qué arrendatario de todos los interesados vive en la vivienda de su propiedad. En este ejemplo, se podría equiparar la planta con el propietario del bloque de pisos, y será ella quien elija a sus inquilinos, los microorganismos. Pero en este caso, el término *planta hospedadora* puede resultar confuso: ¿nos estamos refiriendo al género vegetal en concreto? ¿A la especie? ¿O será a la variedad?

Existen numerosas evidencias científicas que demuestran que las comunidades microbianas asociadas a diferentes especies vegetales son diferentes entre sí. Por ejemplo, los pinos resineros (*Pinus pinaster*) y los pinos albares (*P. sylvestris*), generalmente, no albergan los mismos microorganismos en sus raíces. Pero esto no queda ahí. Sabemos que incluso árboles con diferente genotipo (pero pertenecientes a la misma especie) reclutan en sus raíces microbiota distinta. Quizá comprendamos mejor este concepto si pensamos precisamente en el propio ser humano: la microbiota intestinal de personas de América del Sur no es exactamente la misma que la de aquellas nacidas en África, aun perteneciendo todos a la especie *Homo sapiens*.

Volviendo al reino vegetal, en síntesis, podemos concluir que el material genético del hospedador determina en gran manera la composición de su microbiota asociada. Incluso pequeñas variaciones genómicas suponen cambios en las comunidades microbianas, especialmente de aquellas que habitan en la rizosfera. ¿Cómo puede ser esto posible? ¿Qué conexión existe entre ambos? Las diferencias en el genoma de dos individuos (por ejemplo, dos árboles) pueden suponer, en última instancia, que ambos exuden a través de sus raíces distintos fotoasimilados. Si recordamos, entre las plantas y los microorganismos del suelo se produce un diálogo en un idioma concreto (cuyas palabras son los metabolitos), de tal forma que metabolitos concretos que son exudados por las raíces son capaces de atraer a microorganismos específicos del suelo, y así, diferencias en el genoma suponen cambios en el diálogo planta-microorganismo, y por lo tanto un reclutamiento selectivo de microorganismos en sus raíces.

Existen otros factores inherentes a la planta hospedadora que también condicionan las poblaciones de microorganismos del suelo, como la naturaleza de las hojas. Para hacernos una idea, solo es necesario imaginar las diferencias que pueden existir entre un pinar y una aliseda. Mientras en el primero las agujas del pino (acículas) pueden tardar incluso un par de años en caer al suelo, el segundo, al tratarse de un bosque caduco, no falta a su cita otoñal de caída de las hojas. Además de las diferencias en la dinámica de la caída de las hojas, la composición química de las mismas puede variar en función de la especie vegetal, lo que a su vez conlleva una diferente estructura química de la hojarasca depositada. Pero esto no queda ahí: la composición de la hojarasca y la calidad de la misma van de la mano, ya que esta última depende de la cantidad de nutrientes o de la proporción entre elementos como el carbono y el nitrógeno (entre otros aspectos), y esto, a su vez, repercute en la comunidad de microorganismos descomponedores de materia orgánica, ya que, al fin y al cabo, la hojarasca es parte de su menú.

Imaginemos una hojarasca de difícil degradación, por ejemplo, rica en lignina. Los microorganismos que no tengan capacidad de degradarla o modificarla es esperable que no abunden en este tipo de hojarasca, pero se producirá un enriquecimiento en aquellos con dicha habilidad. Y todo este *baile* de microorganismos recordemos que depende de la especie vegetal de la que proceden las hojas y otros elementos que componen la hojarasca.

El secreto está bajo tus pies

Las características fisicoquímicas del suelo —como el pH, la porosidad, humedad, etc.— son factores que tienen un gran impacto sobre la composición de la microbiota que habita en este nicho, aunque la magnitud del efecto depende del microorganismo en cuestión. El pH es bien conocido por su efecto modulador de la comunidad microbiana, hasta el punto de que, por ejemplo, en un bosque mixto de pino resinero y carrasco (*P. pinaster* y *P. halepensis*), entre otras especies, un estudio demostró que la composición de la comunidad bacteriana de la rizosfera de las diferentes especies de árboles era muy similar entre sí. Como ya dijimos, el genotipo tiene un fuerte poder modulador de la comunidad microbiana, pero en este caso se cree que el pH del suelo (que era el mismo para todos los árboles y plantas que se analizaron) tuvo incluso más impacto que el propio genotipo del hospedador.

Es difícil dar unas pinceladas generales sobre el efecto de los parámetros edáficos (es decir, de las propiedades del suelo) puesto que, además de afectar de diferente manera a los distintos microorganismos, muchos otros aspectos, a su vez, condicionan las propiedades del suelo. Ilustremos esta idea con un ejemplo. Algunos trabajos han demostrado que el manejo silvícola tiene impacto sobre las comunidades microbianas (de hongos y bacterias, específicamente) que habitan en el suelo, porque, en esencia, la actividad silvícola supone un cambio en las propiedades edáficas; en concreto, la eliminación de los restos vegetales como troncos y ramas de árboles muertos. Algo que puede parecer tan inofensivo supone un cambio en la microbiota (respecto al bosque sin tratamiento) que puede constatarse incluso 15 años después de las tareas silvícolas. Pero ¿a qué pueden deberse estas alteraciones? Simplemente, porque la limpieza del material vegetal supone una disminución de la cantidad de nutrientes del suelo de dicho bosque. Además, cuando las tareas se llevan a cabo con maquinaria pesada, estas compactan el suelo y modifican sus propiedades notoriamente. Imaginemos que cogemos una esponja mojada y la apretamos muy fuerte con ambas manos. No es difícil visualizar cómo el agua y el aire contenidos en los poros de la esponja salen con facilidad. La maquinaria pesada tiene exactamente el mismo efecto que la presión ejercida sobre la esponja: el aire y parte del agua salen de los poros del suelo y se crean condiciones de falta de oxígeno, lo cual favorece el desarrollo de microorganismos anaerobios y supone un descenso de la diversidad y abundancia de aquellos aerobios, especialmente, los hongos ECM.

Los microorganismos se unen al baile estacional

Posiblemente a nadie le parezca una locura si decimos que las estaciones del año tienen influencia sobre nuestro estado físico o emocional, en mayor o menor medida. Algunas personas refieren pérdida del cabello especialmente en otoño, otras notan más cansancio o astenia en primavera, a mucha gente le pone de buen humor la mayor cantidad de horas de luz típica del verano y otras se apagan con la llegada del frío invernal. Los microorganismos, como seres sensibles que son, también se ven afectados por la dinámica de las estaciones. Además, algunos lo están por partida doble: los cambios estacionales que experimenta su hospedador vegetal también les repercute.

Y es que no nos olvidemos de lo fundamentales que son las diferencias entre las estaciones para las plantas. Seguro que os vienen a la mente varios parámetros que cambian entre un trimestre y otro. Pongamos el ejemplo de las horas de luz. En verano, el periodo luminoso y la temperatura son los ideales para realizar la fotosíntesis, esto es, para que las plantas fijen el CO_2 ambiental y produzcan numerosos fotoasimilados, como ya sabemos. ¿Qué microorganismos es esperable que proliferen en esta época, por ejemplo, en el suelo? Pues precisamente aquellos que aprovechan los fotoasimilados exudados por las raíces como alimento, es decir, las bacterias y los hongos ECM.

Sin embargo, en otoño, el número de horas diarias de luz disminuye y con ello también lo hacen las temperaturas. Así, la actividad fotosintética de las plantas baja prácticamente a cero. ¿Para qué quiere un árbol mantener las hojas si estas ya no le hacen prácticamente ningún papel? Seguramente, ninguno de nosotros realizamos tareas que consumen mucha energía y esfuerzo cuando estas no nos proporcionan ningún beneficio. El caso de los árboles caducos en otoño es similar: como no realizan la fotosíntesis, comienzan a *desnudarse* perdiendo sus hojas. Además, es un mecanismo de autoprotección. Si en el invierno se produjeran heladas, los árboles tendrían más problemas para tomar agua líquida del suelo, ya que parte de esta se congelaría. Pero recordemos que las plantas pierden agua a través de los estomas de sus hojas por transpiración. Así, en invierno seguirían perdiendo agua por las hojas y se produciría un desbalance hídrico. Los árboles perennes han desarrollado estrategias para resistir el frío, por ejemplo, recubriendo sus hojas con ceras que las protegen. No obstante, su actividad fotosintética es también prácticamente nula en otoño.

¿Cómo afecta entonces esta reducción otoñal de la fotosíntesis a la microbiota forestal? Es muy sencillo: imaginemos que a lo largo del año vamos a comer diariamente a un restaurante, y este cierra por vacaciones a finales de otoño y durante todo el invierno. Si dependemos de este establecimiento para nuestra alimentación (y todos los demás de la zona también cierran para descansar), seguramente pasemos algo de hambre. Lo mismo sucede con los microorganismos, pues la actividad de los hongos ECM en verano es hasta dos veces superior a la que se registra en invierno. Por otro lado, pensemos en las típicas excursiones otoñales para ir a recolectar setas. Y es que son precisamente la suavidad de las temperaturas y las precipitaciones de esta estación las que favorecen el desarrollo de los cuerpos fructíferos de los hongos. Esta estación es aprovechada por ciertas especies de hongos ECM para invertir parte su energía en procesos reproductivos, ya que las condiciones ambientales no permiten mantener niveles elevados de crecimiento vegetativo —esto es, de crecimiento en tamaño o número, sin reproducción sexual—.

Una vez superado el periodo de reposo y latencia invernal, llegan las copiosas lluvias de la primavera que además coinciden con el deshielo (en bosques boreales y templados). Así pues, el agua primaveral contribuye a la movilización de nutrientes en el suelo. Como imaginaréis, esto se traduce, en última instancia, en un periodo de gran actividad microbiana, y ocurre justamente cuando las plantas más lo necesitan, pues es el momento en el que se produce la germinación de semillas, así como el crecimiento de nuevos brotes, proceso que supone un gran gasto energético.

Como se ha mencionado en varias ocasiones, el ecosistema forestal se caracteriza por el dinamismo y la gran interconexión entre todos sus elementos. Así que no podemos pasar por alto la influencia de las estaciones sobre la microbiota de la hojarasca. Estudios realizados sobre la misma de un bosque de *Quercus petraea* (roble albar) demuestran que la abundancia de algunos hongos puede variar hasta en 350 veces en función de las estaciones. Como sospecharéis, los periodos estrella (en términos de abundancia y actividad microbiana) en este caso son el otoño y el invierno. Tras la deposición de las hojas en el suelo, la presencia de ciertos hongos saprótrofos incrementa notoriamente en el invierno temprano y también la actividad de enzimas implicadas en la degradación de la materia orgánica, como las celulasas. Por el contrario, la abundancia de los hongos ECM disminuye en el invierno también en este nicho.

¿Pero qué sucede en verano en la hojarasca? Debemos tener presente que esta no se descompone precisamente en un día y que puede tardar más de 18 meses en ser degradada, aunque depende de la especie de árbol. Así, la descomposición de la materia orgánica seguirá su curso en verano, aunque haya sufrido importantes transformaciones químicas. En la época del estío predominan los hongos ECM en el suelo (como hemos visto anteriormente) y en la hojarasca, pero también es notoria la presencia de los hongos saprótrofos. Sin embargo, su actividad en esta época se ve muy mermada, a pesar de poseer sustratos a degradar. ¿Qué es pues lo que los frena?

Precisamente, el gran parón metabólico de los hongos saprótrofos lo provocan otros hongos, los ectomicorrícicos. Los ECM actúan como una excelente *excavadora*, extrayendo tal cantidad de nitrógeno que los saprótrofos tienen una preocupante limitación de este elemento y, por lo tanto, frenan su actividad metabólica en verano. A este fenómeno de competición por los nutrientes se le conoce como efecto Gadgil, y como no podía ser de otra manera en el ecosistema forestal, es reversible. Con la llegada del otoño y del invierno (cuando se cree que los niveles de nitrógeno se restablecen), los ECM dan una tregua a los hongos saprótrofos cuando estos entran en acción.

Efecto del clima

Cuando pasábamos los meses de agosto en un pueblo situado a las faldas del monte Moncayo, mi padre nos repetía al salir por la tarde que cogiéramos una chaqueta, aunque estuviéramos a 37 °C en el momento de salir. Aunque los microorganismos no se pongan chaqueta, son capaces de percibir también los cambios de temperatura, y no solo los perciben, sino que, igualmente, les afecta. Por ejemplo, es bien conocido que la respiración del suelo (la producción de CO_2 por los microorganismos, fauna e incluso por las raíces de las plantas) generalmente incrementa con la temperatura del mismo, aunque llega a un máximo a 25 °C. Por encima, la actividad respiratoria disminuye.

Existen numerosos factores climáticos que tienen efecto sobre las comunidades microbianas. Como se sabe, el agua es un elemento esencial para la supervivencia de todos los organismos vivos, y al igual que les sucede a los mamíferos, su déficit puede tener un efecto negativo sobre los microorganismos. Así, periodos prolongados de sequía acusada traen consigo una disminución de la biomasa microbiana total del suelo y además tiene lugar cierto desbalance entre los distintos tipos de microorganismos; por ejemplo, aumenta la proporción de hongos respecto a la de bacterias. ¿Por qué se produce este tipo de desproporción? ¿Por qué los hongos están mejor adaptados a la escasez de agua? Para responder esta pregunta tenemos que tener en cuenta las características del crecimiento de ambos tipos de microorganismos. Los hongos, gracias a su crecimiento filamentoso, son capaces de redirigir el agua a las zonas donde el micelio está creciendo activamente. Sin embargo, solo algunos tipos de bacterias crecen de forma filamentosa, generalmente las actinobacterias (también llamadas actinomicetos). Otras (pertenecientes al *phylum Firmicutes*), en condiciones de sequía, producen esporas que son muy resistentes a la desecación. Es como si los organismos productores de esporas se introdujeran en cápsulas (de las que pueden salir cuando las condiciones ambientales mejoran) que les impermeabilizan y protegen de la dura climatología que caracteriza a los ecosistemas forestales.

Pero nada en esta vida es beneficioso si está en exceso, lo mejor es encontrar el equilibrio. Y el agua no es ninguna excepción. Existen estudios que demuestran que las inundaciones predisponen a los árboles a padecer enfermedades ocasionadas por oomicetos patógenos pertenecientes al temido género *Phytophthora*. Además, cuando el suelo se inunda, el agua desplaza al oxígeno del mismo y ocupa su lugar, produciéndose una proliferación de los microorganismos anaerobios.

Las condiciones climáticas no solo pueden tener efecto sobre la composición de la microbiota del suelo. Los microorganismos de la atmósfera y aquellos que habitan en el follaje de la vegetación se ven influenciados por la radiación solar, así como por el movimiento del aire (intensidad, dirección) y las precipitaciones, aunque, lamentablemente, existen pocos estudios al respecto.

A lo largo de este capítulo hemos ido explorando el efecto de diferentes parámetros climáticos de forma aislada, individualizada, pero nada más lejos de la realidad, pues puede darse una combinación de factores. En un ecosistema como el forestal, muchos de los fenómenos mencionados van a tener lugar al mismo tiempo. Sin embargo, resulta muy difícil comprender cómo van a responder los diferentes microorganismos (que también interaccionan entre sí). ¿Os imagináis lo difícil que sería predecir la composición de la microbiota que habita en la primera capa del suelo en un bosque mixto (compuesto por árboles caducos y perennes, de diferentes especies) tras un periodo de sequía y temperaturas inusualmente altas en invierno?

Animo a imaginar qué microorganismos o qué actividades microbianas prevalecen en este hipotético bosque. Sin embargo, no debe causarnos frustración no lograr una idea clara, pues en el bosque mixto planteado estarían interaccionando entre sí múltiples factores al mismo tiempo. En definitiva, es tan difícil de predecir como cuando se estudia el efecto de una dieta o fármaco concreto sobre la población humana. Seguramente no nos suene raro que la dieta, el estilo de vida (sedentario o activo), nuestro ambiente social, incluso las hormonas, tienen un gran peso en nuestro estado físico y emocional. Con la microbiota forestal sucede algo similar. Además, debemos tener algo presente: los microorganismos son sensibles a las perturbaciones. Pero ¡ojo! Que sean sensibles no quiere decir que no se adapten a estos cambios. De hecho, generalmente se considera que son resilientes, pues no solo son capaces de resistir una perturbación, sino también de reponerse y retornar al estado inicial.

CAPÍTULO 4

Los árboles están tristes

"Lo que estamos haciendo a los bosques del mundo no es más que un reflejo de lo que nos hacemos a nosotros mismos y entre nosotros".

MAHATMA GANDHI

Comienza el cuarto y último capítulo de este humilde libro, y quizá, el más difícil de escribir para mí. Y es que nos adentraremos en las oscuridades del bosque, es decir, en los riesgos y las amenazas a los que se enfrenta. En mi opinión, la palabra *amenaza* lleva consigo asociada cierta esperanza, aunque esto pueda parecer un oxímoron o una contradicción. ¿Cómo atisbo un poco de luz en una palabra así? Pues porque si algo nos amenaza significa que nos acecha un elemento o situación potencialmente dañinos, pero en el momento de pronunciar dicha palabra todavía no nos está causando un perjuicio, tan solo es probable que ocurra. Lamentablemente, con los bosques no es así: no se enfrentan a posibles daños, sino que realmente están muy dañados. Podemos confirmar que, a escala planetaria, la pérdida de vigor de las masas forestales es un hecho; ojalá fuera solo una amenaza. Muchos de nuestros bosques están siendo azotados cruelmente por lo que conocemos como decaimiento forestal, o dicho de otra manera, nuestros árboles están sufriendo un debilitamiento generalizado, *están tristes*.

En el año 2010, investigadores de 20 instituciones de diferentes partes del mundo (incluida la Universidad de Granada) publicaron un artículo donde revisaban el estado de los bosques de nuestro planeta. Ya por aquel entonces alertaban de los fenómenos de mortandad que se habían registrado en el sur de Europa y en los bosques templados y boreales del oeste de América del Norte, donde, además, múltiples especies arbóreas distintas se vieron afectadas. Dicho de otro modo, y por si alguien estaba tratando de esquivar lo evidente: nuestros bosques se están muriendo. Según la FAO, desde el año 1990 hemos perdido 178 millones de hectáreas de bosque a nivel mundial, es decir, una superficie equivalente a la ocupada por 249 millones de campos de fútbol o 3,5 veces la superficie total de España. La variación anual neta de la superficie forestal, es decir, el resultado de "la suma de todas las pérdidas forestales (deforestación) y todos los aumentos de superficies forestales (expansión forestal)"[1] fue de -7,8 millones de hectáreas anuales en la década 1990-2000, mientras que en el decenio posterior, esta fue de -5,2 millones de hectáreas anuales, y desde entonces hasta 2020, de -4,7 millones de hectáreas por año (figura 4).

Figura 4
Variación neta anual de la superficie forestal mundial (izquierda) y por regiones (derecha).

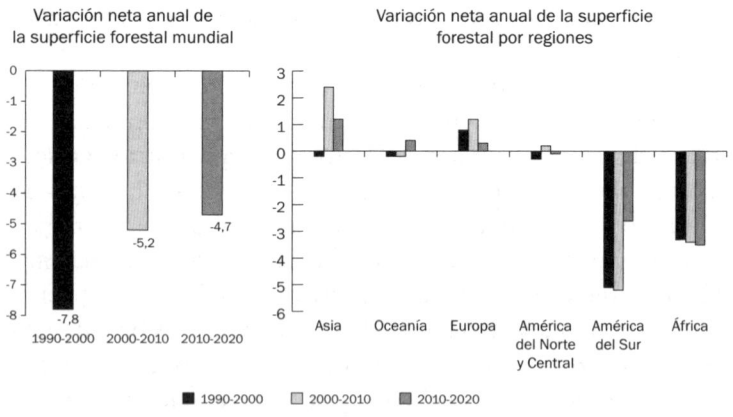

Fuente: Adaptado de FAO (2020).

---

1. La FAO define variación anual neta de la superficie forestal tal y como se describe en el texto, dando a entender que la pérdida forestal o deforestación es un concepto que se expresa en términos negativos. Así, si la superficie deforestada es superior a la superficie que sufre expansión forestal, la variación anual neta será inferior a cero.

Estos números nos demuestran que la cantidad de superficie deforestada está disminuyendo y, al mismo tiempo, está teniendo lugar una expansión forestal, ya sea por acciones humanas o por regeneración de forma natural. Pero no olvidemos que seguimos en valores negativos, es decir, desaparece más superficie cubierta por bosques de la que se crea. Además, estas cifras no son homogéneas en todo el planeta. En Asia, Oceanía y Europa, la variación anual neta de la superficie forestal en los años 2010-2020 ha sido positiva (figura 4), mientras que en América del Sur y en el continente africano estas cifras son realmente preocupantes.

Además, aunque en buena parte del mundo la superficie forestada aumente, debemos tener en cuenta que *más* no necesariamente quiere decir *mejor*. Que haya más superficie cubierta por bosques no significa que estos estén sanos o que sean resilientes a perturbaciones. Y aquí es donde precisamente se encuentra el meollo de la cuestión: tenemos un gran problema de salud forestal porque nuestros bosques están sumergidos en un bucle de retroalimentación continua del que es muy difícil salir. El modelo clásico de la espiral de decaimiento forestal explica este bucle.

Según este modelo, la situación de debilitamiento generalizado viene explicada por una cadena con eslabones diferentes. En el primer eslabón se encuentran los llamados factores predisponentes que poco a poco debilitan nuestros árboles. Un buen ejemplo de ello es la alta densidad que caracteriza a muchos de nuestros bosques procedentes de reforestaciones. En los bosques densos los diferentes árboles compiten entre sí por los nutrientes y la luz solar, o lo que es lo mismo, estos son repartidos entre un gran número de individuos, tocando a menos nutrientes (y espacio para captar la luz) que en un bosque de baja densidad. Si esta situación se mantiene durante el largo periodo de vida de los mismos, el crecimiento de los árboles se verá mermado o crecerán menos vigorosos. Así, los árboles ya debilitados se encuentran con los factores incitantes de tipo abiótico o biótico, que durante un breve periodo de tiempo les afecta negativamente. Estos pueden ser periodos de sequía severos, heladas invernales, inundaciones puntuales o incluso patógenos que no llegan a causar la muerte directa de su hospedador, pero le afectan negativamente. En el último eslabón nos encontramos ya con los factores contribuidores o contribuyentes, es decir, con los que desencadenan finalmente la muerte del árbol, como plagas o patógenos letales.

Aunque *a priori* pueda parecer un proceso lineal en el que los eslabones se van uniendo de uno a otro, este es dinámico y puede haber varias conexiones a un mismo eslabón. ¿Qué quiere decir esto? Que muchos de los factores mencionados están interconectados y actúan de forma sinérgica, es decir, la acción de dos factores juntos puede tener un efecto superior a la suma de la acción de los dos factores individualizados. Pongamos un ejemplo práctico: muchos insectos que afectan negativamente a los árboles frenan su crecimiento con temperaturas frías, lo que supone un respiro para los árboles en invierno. Sin embargo, el incremento de las temperaturas que estamos experimentando hace que aumente la supervivencia de muchos insectos en invierno al darse condiciones más favorables para su desarrollo. Así pues, los árboles se verían afectados negativamente no solo por el calor sofocante del verano, sino que tendrían que luchar contra las plagas en épocas donde teóricamente descansan. Este ejemplo es excelente para ilustrar el bucle retroalimentado del decaimiento forestal. Pensemos que los árboles que tienen que dedicar parte de su energía a luchar contra ese hipotético insecto incluso en invierno estarán debilitados, siendo, a su vez, más vulnerables a las condiciones climáticas venideras, como puede ser una intensa sequía. ¿En qué momento salen los ecosistemas forestales de este círculo vicioso?

En definitiva, la espiral de decaimiento es sumamente compleja, lo que hace muy difícil comprender los episodios de mortandad masiva y por lo tanto actuar contra ellos. Así pues, en las siguientes líneas abordaremos varias de las raíces del problema en cuestión.

El papel del cambio climático y el cambio global

Los términos *bosque* y *cambio global* (o ecosistema forestal y cambio climático) seguramente los hemos encontrado en la misma frase en multitud de ocasiones, señal de que ambos conceptos están fuertemente correlacionados entre sí. Dada su importancia, lo primero que debemos hacer es distinguir entre cambio climático y cambio global. El primero hace referencia tan solo a los cambios en el clima que está experimentando el planeta, como el incremento de la temperatura atmosférica o de los océanos, así como el cambio en los patrones de las precipitaciones. Recordemos que, según el informe de 2023 del IPCC (Grupo Intergubernamental de Expertos sobre el Cambio Climático), la temperatura global en superficie[2] del decenio 2011-2020 fue 1,09 °C más elevada que en el periodo 1850-1900, y que se ha incrementado más rápidamente desde 1970 hasta 2023 que en cualquier otro periodo anterior. En cambio, desde la década de 1980, las tormentas en las latitudes medias se han desplazado hacia los polos en ambos hemisferios. Sin embargo, el concepto de cambio global es más amplio e incluye, además, los cambios en los patrones de uso del suelo. Por ejemplo, los cambios asociados a las deforestaciones o la transformación del terreno forestal en zonas de cultivo agrícola.

Ahora que conocemos las diferencias conceptuales, ¿en qué afecta el cambio global a los ecosistemas forestales y su microbiota? Esto depende del agente que consideremos, aunque aquellos que mayor impacto negativo tienen sobre los ecosistemas en estudio son las elevadas concentraciones de CO_2, el incremento de las temperaturas, los cambios en los regímenes de precipitaciones y la deposición de nitrógeno. Adentrarnos en los efectos del cambio global puede ser sumamente complejo, por lo que, en aras de la brevedad, debemos

---

2. El IPCC emplea el concepto temperatura global en superficie para hacer referencia tanto a la temperatura media global en superficie como a la temperatura global del aire en superficie.

tener claro que estos dependen también del tipo de bosque en consideración. Estudiemos una casuística concreta: en los últimos 20 años se ha detectado una mayor adaptabilidad al cambio global de los bosques boreales que en otros tipos de bosques. Recordemos que estos se caracterizan por temperaturas bastante bajas, por lo que el calentamiento generalizado y el aporte extra de CO_2 ha podido, incluso, haber favorecido su desarrollo. Este efecto positivo compensaría el impacto negativo que el incremento de temperaturas y la disminución de las precipitaciones ha tenido sobre los bosques templados y tropicales.

Hablemos específicamente del cambio global y la microbiota. Esta, al igual que sus hospedadores, también se ve afectada por este fenómeno, pero ¡cuidado!, los microorganismos también pueden contribuir al cambio climático. Por ejemplo, los estudios han demostrado que la respiración de los microorganismos del suelo (recordemos que es el proceso a través del cual la microbiota produce CO_2) incrementa con la temperatura, pero no de forma lineal. Es decir, la actividad respiratoria llega a su máximo a los 25 °C, pero por encima de este límite comienza a decaer. Además, las predicciones indican que este patrón no va a cambiar debido al cambio global, por lo que la contribución de la microbiota del suelo al incremento de los niveles de CO_2 no parece que vaya a tener un efecto significativo.

No negaremos que la microbiota también se ve afectada por el cambio global; por ejemplo, la sequía tiene un gran impacto sobre la misma. Para comprender mejor las consecuencias que la falta de agua puede tener sobre los microorganismos, pensemos primero en el impacto que tiene sobre su hospedador: reducción de la producción primaria, de la biomasa del follaje y también de las raíces, entre otros aspectos. Además, tengamos en cuenta que la sequía supone una disminución de la humedad del suelo, que se ve acrecentado por las altas temperaturas que evaporan el agua del mismo. Recapitulando, la situación a la que se enfrentan los microorganismos, por ejemplo, los que habitan en el suelo, es poco halagüeña. Por un lado, se encuentran con un hospedador vegetal menos desarrollado y con menor actividad metabólica (menor cantidad de compuestos exudados por las raíces), además de con un suelo menos húmedo. Si ponemos todos los elementos en la misma ecuación, el resultado puede ser dramático: con pocos nutrientes procedentes de la planta para alimentarse y poca agua, la resultante es una disminución de la biomasa microbiana total. Además, se producirá un incremento en la proporción de hongos respecto a la de las bacterias, tal y como vimos en el capítulo anterior.

Un aspecto que no podemos ignorar es el hecho de que el cambio global puede acarrear un cambio en la composición de la vegetación en el ecosistema forestal. En numerosas ocasiones hemos dejado clara la importancia de la unidad indivisible microbiota-hospedador vegetal (el holobionte), por lo que el lector puede imaginar fácilmente las consecuencias indirectas sobre la microbiota. Efectivamente, la composición de esta también es esperable que varíe, ¿pero el cambio en la vegetación tendrá el mismo impacto en todos los tipos de microorganismos? Volvemos a estar ante una pregunta de respuesta heterogénea. Puesto que los hongos viven en una estrechísima interacción con las plantas (recordemos lo abundantes que son las simbiosis planta-hongo y la fuerte dependencia de los saprótrofos fúngicos sobre la materia vegetal), son esperables cambios más profundos en el micobioma forestal. Ahora bien, no debe cundir el pánico, pues estos cambios no se prevé que sean rápidos. Además, la inmensa diversidad microbiana que caracteriza los ecosistemas forestales viene acompañada también de una considerable redundancia funcional. Es decir, en la microbiota forestal, diferentes microorganismos realizan las mismas funciones, al igual que en nuestra sociedad podemos comprar el pan en múltiples obradores distintos. Así pues, los estudios anticipan que la pérdida de diversidad microbiana asociada al cambio global se vea, en cierto modo, compensada por la redundancia funcional. Es decir, si nuestro obrador preferido cierra su negocio podremos comprar el pan que fabrica otro colega.

Las plagas y patógenos forestales

A lo largo de esta obra hemos mencionado en varias ocasiones que la parte microbiana del holobionte no causa enfermedad a su compañero vegetal. Y no solo eso, sino que, además, la microbiota participa activamente en la lucha frente a los patógenos. ¿De quiénes estamos hablando? ¿No eran los microorganismos beneficiosos para las plantas? Es hora de que les hagamos un hueco en este libro a otros grandes enemigos de la flora forestal: las plagas y los patógenos microbianos. Y es que, en el ecosistema en estudio, no es oro todo lo que reluce. La microbiota es una moneda de doble cara: si bien en una tenemos a los microorganismos beneficiosos, en la otra se encuentran los fitopatógenos, los *malos de la película*. Estos pueden ser de diferentes tipos: hongos, bacterias, protozoos, oomicetos, nematodos (gusanos, generalmente microscópicos), virus e incluso viroides. Estos últimos son agentes infecciosos constituidos solamente por material genético (una cadena de ARN), pero no poseen ni lípidos ni proteínas. Es decir, podríamos considerarlos como virus desnudos, aunque no por ello son desdeñables. Además, no debemos olvidarnos de las plantas parásitas, ya que en el ecosistema forestal son relativamente frecuentes. Se trata de aquellas que *roban* los nutrientes a la planta afectada (o incluso a los hongos micorrícicos) en su beneficio propio. Es posible que todos conozcamos una planta de este tipo, como el idílico muérdago (*Viscum album*), que aunque sea símbolo de amor e incluso haya sido empleado en la elaboración de la poción mágica preparada por Panorámix (el druida de Astérix y Obélix), es capaz de matar a su árbol hospedador. Entre sus víctimas se pueden encontrar los álamos y diferentes especies de pino.

La patología forestal goza de ciertos símiles con la patología humana. Ya hemos comprobado que animales y vegetación podemos enfermar a causa de prácticamente los mismos tipos de microorganismos. Además, al igual que nosotros podemos tener una infección de garganta, gastrointestinal o respiratoria (entre muchas otras), la flora puede ver prácticamente todos sus órganos afectados. Así, encontramos desde patógenos transmitidos por el suelo y raíces hasta aquellos que afectan a la parte aérea (tanto al tronco como a las hojas y ramas) e incluso a los frutos. Si aún no os parecen suficientes las similitudes entre las plantas y los seres humanos (en cuestión de enfermedades infecciosas), esperad a la parte epidemiológica.

Como pudimos comprobar en el año 2020 con la pandemia ocasionada por el coronavirus SARS-CoV-2, la probabilidad de contagiarnos depende en gran medida de la gente con la que establezcamos contacto. En el caso de los ecosistemas forestales, la susceptibilidad de los árboles, por ejemplo, también depende de quién tengan alrededor. Pensemos en un bosque reforestado con individuos de una única especie (bosque monoespecífico). Si llega un patógeno al que *le guste* dicha especie, encontrará múltiples hospedadores que es capaz de atacar (potenciales víctimas) y se propagará fácilmente. Sin embargo, en bosques mixtos (formados por diferentes especies), no necesariamente todos los individuos son hospedadores naturales (es decir, no todos le *gustarán* al patógeno); alguna especie puede que, incluso, sea resistente. No obstante, el desarrollo de las enfermedades forestales no depende linealmente del tipo de bosque en consideración. Debemos tener presente que en un bosque mixto, otras especies vegetales pueden ser hospedadoras de patógenos polífagos (que afectan a una gran variedad de plantas), siendo por lo tanto difícil establecer una relación directa.

La patología forestal es, al igual que la humana, fascinante. Además de los diferentes tipos de patógenos (y plagas), debemos recordar que un mismo microorganismo puede atacar a diferentes especies vegetales y un mismo hospedador vegetal puede ser atacado por distintos patógenos, al igual que nosotros podemos padecer una gripe y al mismo tiempo una infección dental.

¡Para el coche que he visto una bola!

Esta misma frase es la que le grité a mi padre cuando, una tarde de verano, llegando al Balcón de El Buste (Zaragoza), pude apreciar una gran anomalía en uno de los pinos que abundan en la zona. Cuando bajé del coche, observé que se trataba de un ejemplar de pino carrasco (*Pinus halepensis*) en cuya copa se había desarrollado una bola muy compacta de acículas que me recordó a una masa tumoral. Estaba delante de mi primera escoba de brujas (figura 5), haciendo mis pinitos en salud forestal.

Figura 5

Aspecto de las escobas de bruja (derecha, arriba y abajo) y de un individuo de la especie *Pinus halepensis* afectado por la bacteria '*Candidatus* Phytoplasma pini'.

Fuente: Elaboración propia.

¿Qué tiene que ver esto con la salud de los bosques? Esta estructura con forma de bola es ocasionada, la mayoría de las veces, por unas bacterias. Os presento a unos importantes enemigos de las plantas en general y de ciertos árboles en particular: los fitoplasmas. Se trata de un tipo de bacterias pertenecientes al *phylum Tenericutes,* clase Mollicutes, que actúan como parásitos obligados, es decir, necesitan de un hospedador para poder reproducirse y sobrevivir. Sus hospedadores pueden ser desde plantas herbáceas como la patata hasta las leñosas, entre las que destacan los pinos, que son atacadas por la especie '*Candidatus* Phytoplasma pini'. En este caso, puesto que la bacteria no ha podido ser aislada *in vitro,* debemos incluir el término taxonómico *Candidatus* antes del nombre de la especie.

Estas bacterias nos tienen en jaque a los investigadores pues están causando estragos en los pinares de gran parte del mundo y sabemos muy poco sobre ellas. Además, como hemos mencionado, son parásitos obligados y requieren de un hospedador para poder desarrollarse. Además de las plantas, estos fitopatógenos también dependen de un hospedador animal, generalmente ciertos insectos. ¿Bacterias que afectan a plantas e insectos? ¿*Superbacterias* quizá? Sí, pero no. Centrémonos en el ciclo vital de los fitoplasmas para clarificar esta ambigüedad.

Los fitoplasmas habitan en el tracto digestivo o glándulas salivales de ciertos insectos. Imaginemos pues un insecto chupador en cuyo interior habita el fitoplasma del pino. Cuando este se alimenta de un pino sano, introduce el patógeno en el árbol a través de la saliva. Por consiguiente, el árbol se *contagia* gracias a la acción del insecto, por lo que estos son considerados como vectores de los fitoplasmas. Es decir, actúan como un taxi particular que los transporta de una *víctima* hacia otra nueva.

Una vez en el interior del pino, la bacteria habita en el sistema vascular, concretamente, en el floema. De tal forma que, si un insecto chupador sano acude al árbol recién contagiado a alimentarse, puede adquirir el fitoplasma en su saliva, y este comienza así otro ciclo de infección. En definitiva, el fitoplasma puede ir propagándose entre árboles adyacentes gracias a la alimentación del insecto, actuando este como un transmisor. En la figura 6 se resume el ciclo vital del fitoplasma.

Figura 6
Ciclo de vida de los fitoplasmas.

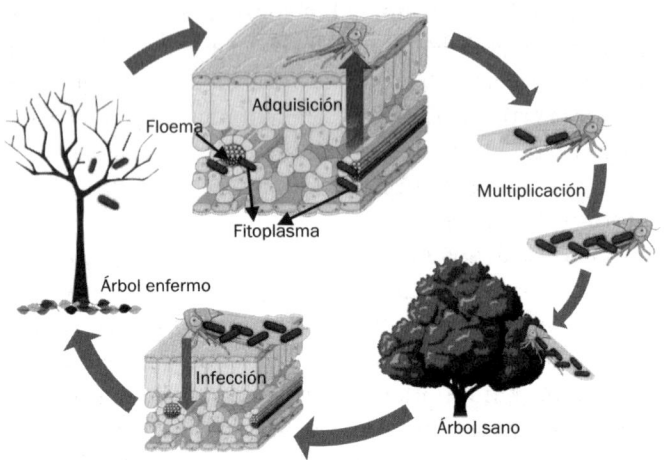

Fuente: Elaboración propia.

Clarifiquemos cómo afecta el fitopatógeno a los árboles y los insectos, ya que respondí afirmativamente (y también con un no) a la pregunta correspondiente. Una vez en el sistema vascular vegetal, algunas especies de fitoplasmas producen una necrosis o muerte de las células del floema. Otras, por el contrario, se multiplican allí hasta que alcanzan una alta densidad. Algunos trabajos sugieren que, en respuesta al daño mecánico, la planta produce masivamente el polisacárido calosa, de tal forma que se forma un tapón que dificulta el flujo normal de la savia por el floema. Es decir, como si fuera una placa de colesterol o un coágulo sanguíneo que obstruye nuestras venas. Aunque la comunidad científica no tiene clara la causa, lo que sí está claro es que la infección supone un entorpecimiento del flujo normal de savia, lo que tiene consecuencias nefastas para el árbol. Así, los pinos afectados muestran defoliación, amarilleamiento de la parte aérea (ya que el flujo de nutrientes no es el adecuado), pérdida de vigor e incluso algunos muestran un crecimiento muy reducido. Y otros, como hemos mencionado anteriormente, forman la estructura aberrante conocida como escoba de bruja en la parte aérea de su hospedador. Os imaginareis que, aunque importante, una simple bola de Navidad que lo adorna no es lo peor que le puede pasar al árbol. Recordad el acúmulo de células o de calosa que se forma en el floema. Al igual que un gran coágulo sanguíneo puede suponer la muerte de la persona que lo padece, el tapón en el floema puede hacer que el árbol afectado por el fitoplasma finalmente sucumba.

Entonces ¿causa enfermedad a los insectos vectores? Esta pregunta es de difícil respuesta, pues no existe a día de hoy un consenso científico. Para otras especies de fitoplasmas (que afectan a plantas herbáceas) se ha visto que los insectos mueren inmediatamente después de contagiar a la planta. Pero en otros casos ocurre ¡todo lo contrario! Existen estudios que demuestran que, tras la transmisión, algunos insectos pueden incluso vivir más si se exponen a temperaturas más frías de lo que normalmente suelen soportar. Se trata de unas bacterias absolutamente manipuladoras, pues con el afán de reproducirse y transmitirse masivamente, ¡también pueden manipular a sus hospedadores en su propio beneficio! Y no me refiero a la enfermedad que producen, sino que se ha constatado que algunas especies de fitoplasmas son capaces de hacer más apetitosas ciertas plantas que normalmente no entran en el menú de algunos insectos. Es decir, convierten a plantas no hospedadoras en perfectas hospedadoras. Para complicar la historia, en el caso de 'Candidatus Phytoplasma pini', aún no se conoce cuál es el insecto vector. Pongamos un ejemplo cercano para ilustrar la relevancia de esta situación. Imaginemos que en el año 2020 hubieran comenzado a morir personas de todas las partes del mundo por una infección por coronavirus, pero no supiéramos cómo se transmite. ¿Qué hubiera sido de nosotros si no hubiéramos sabido que llevando una simple mascarilla, el contagio era mucho menos probable? En definitiva, es difícil tomar medidas frente al fitoplasma del pino si ni tan siquiera conocemos cuál es su insecto vector.

Además, los sistemas de detección de '*Candidatus* Phytoplasma pini' no han sido perfeccionados hasta el año 2024. Hasta la fecha, tan solo se aplican métodos generales que hipotéticamente son válidos para casi todos los fitoplasmas, pero el que afecta a los pinos es una de las excepciones. Por lo tanto, hasta ahora, la incidencia del fitoplasma del pino ha sido infravalorada. En la actualidad disponemos de un método de detección específico, aunque todavía no se aplica. ¿Os imagináis lo que hubiera supuesto no poder detectar adecuadamente el coronavirus? Recordad que la COVID-19 cursa con síntomas generales y compartidos por otras enfermedades como la gripe o el resfriado. Algo similar le sucede también al fitoplasma del pino. Otras enfermedades microbianas (e incluso ciertos factores abióticos como la sequía) también producen amarilleamiento y pérdida de vigor de los pinos afectados, igual que la bacteria parásita. Y es que no siempre se produce una escoba de bruja que nos marque que tenemos que detenernos ante ella...

Linda mariposa...

Escarabajos y libélulas de colores iridiscentes, mariposas con alas llamativas o polillas de gran tamaño, abejas *rebozadas* en polen, brillantes luciérnagas y muchos otros insectos son, frecuentemente, los responsables de que los ecosistemas forestales contribuyan a nuestra recreación y bienestar emocional. Sin embargo, debajo de sus bellos *disfraces*, en algunos casos se esconde un importante enemigo de los árboles. Tal es así que, según la FAO, los insectos (junto con los fenómenos meteorológicos extremos) afectaron negativamente a prácticamente 40 millones de hectáreas de bosques fundamentalmente templados y boreales tan solo en el año 2015.

Esta cifra, que incluye el efecto de ambos factores combinados, refleja un concepto importante, y no solo por la gran superficie afectada, sino porque con frecuencia las palabras *plaga* y *cambio global* van de la mano. Ante todo, debemos tener presente que los insectos son organismos absolutamente esenciales en el ecosistema forestal. Desempeñan funciones necesarias para el correcto funcionamiento del mismo, que van desde la polinización de las flores hasta la constitución del menú de otros organismos, como las aves. Sin embargo, los insectos pueden atacar plantas vigorosas y sobrepasar su sistema de defensa, ocasionándoles enfermedad.

Si pusiéramos a ambos lados de una balanza el rol ecológico de los insectos y su potencial para causar daño a los árboles (y demás plantas), ¿hacia qué lado se inclinaría dicha balanza? Dicho de otra manera, ¿son los insectos, por sí solos, un peligro real para los ecosistemas forestales? Resulta complejo responder esta pregunta si consideramos que muchos insectos eligen selectivamente a su hospedador, es decir, muchos de ellos son específicos de una familia o incluso un género concreto de plantas. Por ejemplo, muchos insectos que se alimentan de coníferas no afectan a las frondosas, por lo que sería necesario analizar caso por caso para poder responder esta cuestión. Sin embargo, un punto clave que da luz en este sentido es el número o cantidad del insecto en cuestión.

Las especies arbóreas que componen los ecosistemas forestales han coevolucionado con los insectos y, por lo tanto, generalmente dichos ecosistemas son capaces de absorber o soportar los ataques de estos animales, al igual que la mayoría de nosotros no sucumbe ante una gripe (si no estamos previamente enfermos o debilitados). Sin embargo, cuando la población de insectos aumenta y estos se convierten en una plaga, los bosques tienen más dificultad para hacerles frente. Por ejemplo, el incremento global de las temperaturas no solo resulta en una mayor supervivencia de ciertos insectos, sino que, además, disminuye el tiempo necesario para que los insectos completen su ciclo vital, por lo que incrementa el número de generaciones o descendencia de los mismos. Así, los árboles se encuentran expuestos a mayor cantidad de insectos y seguramente un mayor número de árboles se verá afectado, lo cual puede generar un desequilibrio importante en el ecosistema. Además, las plagas no solo constituyen un peligro primario, sino que los insectos también pueden actuar como vectores o taxis de ciertos patógenos, como vimos anteriormente.

Podría dedicarse un libro entero a las plagas forestales, sin embargo, debemos centrarnos en el aspecto microbiano de las mismas. ¿Qué conexión existe pues entre la microbiota (no patógena) y las plagas de insectos? Aunque pueda parecer que ambos factores no tienen cabida en una misma ecuación, existe cierta correlación. Algunos estudios demuestran que la infección por insectos que afectan a la parte aérea (por ejemplo, un herbívoro chupador como la cochinilla del pino que se alimenta de la savia, o un perforador) conlleva cambios sustanciales en la composición de la microbiota asociada a la planta, pero tanto la que habita en la parte afectada como aquella que reside en el primer piso del vecindario forestal: las raíces. Es decir, ante el ataque por un insecto, se produce una reorganización de la microbiota del hospedador vegetal.

Estos cambios generalmente son mediados por la planta, la cual pretende atraer microorganismos que le ayuden a defenderse del insecto, mediante la ya mencionada estrategia *cry for help*. Sin embargo, en otros casos no se ha podido identificar por qué se producen dichas alteraciones en las comunidades microbianas.

¿Y si además del ataque del insecto, el desequilibrio de la microbiota puede contribuir al desarrollo de síntomas? Recordemos que las alteraciones en las comunidades microbianas del holobionte pueden conllevar efectos negativos sobre su hospedador. Para hacernos mejor a la idea, pensemos en cuando sufrimos gastroenteritis a causa de un microorganismo como un virus. La infección vírica puede ocasionarnos los síntomas clásicos como vómitos o diarrea, pero en muchas ocasiones los médicos nos recomiendan tomar probióticos (microorganismos beneficiosos). Además de sus efectos positivos sobre nuestra salud, estos ayudan a restaurar la mal llamada flora intestinal (de flora no tiene absolutamente nada, se trata de la microbiota intestinal normal), ya que esta ha sufrido un cambio brusco a causa de la infección.

Por otro lado, cabe mencionar el fenómeno mediante el cual algunos microorganismos endófitos (por ejemplo, algunos hongos de los que habitan en el interior de las raíces) pueden alterar su estilo de vida y pasar a actuar como patógenos de su hospedador vegetal. Dicha transición puede ocurrir fruto de cambios en las condiciones ambientales o en el propio hospedador. Por ejemplo, ante un estrés de tipo biótico, el sistema de defensa de la planta puede quedar debilitado y facilitar que ciertos endófitos se comporten como patógenos.

Los incendios forestales

El fuego es un elemento natural que a lo largo de la evolución ha moldeado numerosos ecosistemas forestales. Generalmente, los incendios pueden ser de dos tipos: los que son muy intensos pero poco frecuentes, y los de superficie, en los que se quema el estrato herbáceo del ecosistema forestal sin que el dosel arbóreo se vea afectado. Quizá pueda sonar paradójico, pero los incendios contribuyen a mantener la biodiversidad de los ecosistemas en estudio. ¿Cómo es posible que no impacten negativamente en la biodiversidad si calcinan plantas e incluso animales? El impacto depende del régimen de incendios (es decir, de la intensidad, duración y de la estación en la que tienen lugar), pero si el sistema radicular de las plantas no muere, muchas de estas rebrotarán en un futuro. Aunque algunas plantas mueran, las semillas de diferentes especies pueden germinar al tener más luz solar disponible.

El problema reside cuando los incendios son severos o en zonas relativamente nuevas sin semillas. O cuando el intervalo entre incendios es tan corto que el bosque nativo maduro es reemplazado por matorral o por especies arbóreas que nunca superan el porte arbustivo. Las cifras nos demuestran que el efecto de los incendios graves es incuestionable: aproximadamente, 98 millones de hectáreas cubiertas por bosques a escala global fueron calcinadas en el año 2015. En nuestro país, y de acuerdo a datos proporcionados por el

Ministerio para la Transición Ecológica y el Reto Demográfico, la superficie forestal afectada por incendios en 2022 creció notablemente con respecto a la media correspondiente al decenio 2012-2021, siendo estas de 297 946 y 94 248 hectáreas, respectivamente; es decir, los incendios quemaron en un año casi tres veces más superficie que en la década anterior. Las predicciones para el futuro no son nada halagüeñas, especialmente para el espacio mediterráneo: se estima que se produzca un incremento no solo de la superficie devastada, sino también de la duración del periodo de incendios, así como de la severidad y frecuencia de los mismos.

Pero no solo la vegetación y la fauna se ven afectadas por las llamas, sino que la microbiota sufre importantes cambios a raíz del fuego. Centrémonos en las comunidades microbianas del suelo, por ejemplo. Este sufre numerosos cambios como consecuencia de los incendios de alta intensidad. Por ejemplo, se erosiona, pierde agua por evaporación y materia orgánica (la hojarasca se quema), y por si fuera poco, tiene lugar la formación de compuestos contaminantes o incluso tóxicos para los microorganismos, fruto del proceso de combustión. En definitiva, los microorganismos se quedan prácticamente sin agua ni alimento para su desarrollo, por lo que se produce una importante pérdida de biomasa microbiana. Esta pérdida tiene importantes consecuencias indirectas sobre la vegetación (sobre la cual el fuego tiene un efecto directo, no lo olvidemos), ya que la microbiota desempeña un papel esencial en el reciclaje de los nutrientes. Así pues, de forma indirecta y a través de los cambios en la microbiota, los incendios tienen impacto en la productividad de los ecosistemas en estudio y en su capacidad para recuperarse.

Además, la deposición de las cenizas suele traer consigo la alcalinización del suelo y, como ya vimos, la alteración de las propiedades edáficas conlleva fuertes cambios en las comunidades microbianas. Si el pH del suelo aumenta, se crean condiciones nuevas de crecimiento para los microorganismos, las cuales, con frecuencia, son hostiles para muchos de estos. Pero si algo caracteriza al mundo microbiano es precisamente su plasticidad o diversidad metabólica, por lo que se produce un incremento en la abundancia de aquellos microorganismos que son capaces de desarrollarse en este suelo de nuevas características. Es decir, nos encontramos ante un nuevo caso de desbalance en la microbiota, ya que se producirá un enriquecimiento selectivo en ciertos microorganismos en detrimento de otros. Esta moneda tiene cara y cruz porque, aunque la composición de las comunidades microbianas se puede ver fuertemente alterada a causa del fuego, algunos estudios han demostrado que estas son resilientes: con el tiempo, la microbiota se puede recuperar y puede ser capaz de sobreponerse al incendio, volviendo a tener la composición similar a la antes del incendio.

¿Cuánto tiempo tarda en recomponerse la microbiota? Este periodo depende claramente de la severidad del incendio y del tipo de bosque que consideremos. Como ejemplo, pensemos en el gravísimo incendio que tuvo lugar en el año 2005 en Sierra Nevada (Lanjarón, Granada), en el que se quemaron aproximadamente 3417 hectáreas. Los estudios han demostrado que nueve años después, la microbiota aún no se había recuperado. En este caso particular, tras tres años de la desgracia forestal, la comunidad bacteriana se encontraba dominada por bacterias del género *Arthrobacter*, conocido por su capacidad para utilizar compuestos pirogénicos (aquellos que son carbonizados y que se generan durante los incendios) como fuente de carbono y energía. Se trata de una bacteria todoterreno, pues numerosos trabajos en todo el mundo y en diferentes tipos de bosques demuestran que se ve enriquecida en el suelo tras los incendios, aunque aún no está claro su papel en la regeneración del bosque.

Pensemos en los factores que contribuyen a que aumente la probabilidad de los incendios. Por un lado, hemos mencionado el efecto directo de los patógenos y plagas sobre la salud forestal. Debemos tener presente que cuando los árboles sucumben a una enfermedad, si no se llevan a cabo tareas de gestión forestal adecuadas, estos son una fuente excelente de material combustible o, nunca mejor dicho, se convierten en pasto para las llamas. Lo mismo sucede con el decaimiento forestal: los fenómenos de mortandad arbórea registrados en todo el mundo en última instancia actúan como *fuelle* de los incendios forestales y estos, a su vez, calcinan otros árboles y se generan nuevos episodios de mortandad masiva. Como hemos visto, muchos elementos de los ecosistemas forestales están interconectados, y así es como los bosques entran en el bucle del decaimiento. Pero, aunque no llevemos la situación al extremo, las enfermedades de los árboles también pueden aumentar la probabilidad de incendios. Pensemos que en un árbol debilitado la humedad del follaje e incluso del tronco se ve mermada, puesto que el flujo de la savia muchas veces se ve negativamente afectado. Esta reducción de la humedad hace que los árboles enfermos sean un excelente punto caliente de los incendios forestales.

Tampoco podemos ignorar la relación existente entre el cambio global y la probabilidad de los incendios forestales. Y sí, bien digo el cambio global, no solo el cambio climático. Todos conocemos el éxodo rural. Estas migraciones desde las zonas rurales han supuesto el abandono de las tierras y, por supuesto, los ecosistemas forestales también se han visto afectados, quedando los bosques prácticamente exentos de tareas de mantenimiento (podas, clareos y otras actuaciones silvícolas). Esto, en última instancia, resulta en una mayor cantidad de material vegetal perfectamente combustible. Si a ello le sumamos el incremento de temperaturas y las intensas y duraderas sequías que se dan, por ejemplo, en la cuenca mediterránea, obtenemos un incremento directo de la frecuencia de los incendios forestales. Nuevamente podemos apreciar que nuestro ecosistema en estudio es un sistema dinámico y muy interconectado.

Consecuencias

Las consecuencias de la infección por un fitopatógeno concreto o una plaga, o la afección por agentes abióticos como las sequías, dependen de multitud de factores diferentes, como el rol ecológico que desempeñe la especie afectada, la biodiversidad que albergue o la redundancia funcional en el ecosistema en cuestión. Quizá lo vemos más claro si lo comparamos con una infección en humanos. La gravedad de los síntomas que nos causa, por ejemplo, el virus de la gripe, no tiene por qué ser la misma si estamos estresados o inmunodeprimidos que si nos encontramos sanos como un roble. Incluso podemos desarrollar síntomas de diferente gravedad un año y otro, en función de las variantes víricas que circulen cada año. Además, no tendrá las mismas consecuencias si enfermamos en periodo de exámenes que si lo hacemos en vacaciones.

Aunque en el caso que nos atañe sucede algo muy similar, los fitopatógenos tienen ciertos efectos generalizados en el ecosistema en estudio. Los árboles pueden luchar contra el patógeno e incluso ganar la batalla, pero como en cualquier guerra, pueden quedar tocados o malheridos. Es decir, aunque no sucumban al patógeno, pueden verse debilitados. Ello, a su vez, supone que tengan más dificultades para reproducirse o regenerarse, lo cual puede conllevar un gran cambio en la estructura de un bosque y, por ejemplo, que especies habitualmente de gran porte como un roble pasen a tener un porte arbustivo.

En el peor de los casos, si el patógeno o la plaga progresan, el cambio en el ecosistema forestal puede ser dramático. Imaginemos que un microorganismo patógeno, muy virulento, llega a un bosque mixto en equilibrio, constituido por varias especies arbóreas vigorosas, y acaba con una de ellas. La desaparición de dicha especie supondría un fuerte cambio en el ecosistema, ya que el bosque podría pasar de ser mixto a ser monoespecífico. Este cambio puede traer consigo un efecto cascada de grandes magnitudes, ya que, como sabemos, la mayoría de los elementos del ecosistema forestal están interconectados entre sí. Por ejemplo, puede tener lugar la ruptura de la cadena trófica en cuya base se encontraba la especie vegetal desaparecida en concreto. Es decir, invertebrados, aves, líquenes, plantas briófitas, microorganismos, etc., que viven a expensas de la planta hospedadora desaparecida, pueden también desaparecer con ella. Es muy sencillo: imaginemos que solo nos alimentamos de cerdo y este desaparece por peste porcina. Nuestro futuro no sería muy halagüeño. En el caso de que la desaparición sea a causa de un patógeno o plaga, pensemos que la cosa se puede complicar mucho, pues un mismo fitopatógeno puede afectar a varias especies leñosas distintas que coexistan en el mismo ecosistema. Pero no todo es negativo; la desaparición de especies vegetales puede suponer, en ciertos casos, un incremento de la diversidad de los ecosistemas forestales. ¿Cómo va a aumentar la diversidad como consecuencia de una enfermedad? Por un simple reemplazo; esto es, los nichos ecológicos que ocupaba una especie concreta que desaparece pueden ser ocupados a su vez por varias especies diferentes, y las consecuencias de esta sustitución dependerán de la especie desaparecida y su reemplazo, entre otros muchos factores. En definitiva, resulta verdaderamente complejo predecir las consecuencias de todos los factores estudiados.

Mirando al futuro

Los párrafos anteriores quizá nos hayan llevado a un estado de desolación o preocupación. Ya hemos visto que, en un contexto de cambio climático, los bosques templados no se libran de un mal presagio, pues se espera que para ellos aumente la tasa de mortalidad inducida por la escasez de precipitaciones. No es necesario mencionar el efecto de la sequía sobre los bosques tropicales, cuya vegetación está adaptada a altísimos niveles de humedad. ¿Y los bosques más fríos (boreales), para los que dijimos que el incremento de las temperaturas y los niveles de CO_2 ambientales podrían suponer una mayor productividad? Lamentablemente, tampoco se van a escapar de las amenazas lanzadas por las sequías los incendios forestales y los patógenos y plagas. Ahora que ya conocemos los principales riesgos a los que se enfrentan nuestras masas forestales, toca asumirlo, admitirlo y, sobre todo, hacer frente a los problemas. Eso sí, no podemos dormirnos en los laureles; si aplicamos las medidas correctas en el momento adecuado, finalmente es esperable que obtengamos brotes verdes.

¿Cómo podemos actuar entonces para mejorar el estado de salud de los bosques? El cuidado de estos ecosistemas debe ser interdisciplinar, es decir, que integre diferentes tipos de medidas. Debemos pensar en la solución desde un punto de vista holístico, global. Y en esto tenemos ya práctica, puesto que es el prisma desde el que hemos mirado a las masas forestales durante todo este escrito.

En primer lugar, es necesaria la aplicación de tratamientos silvícolas adecuados. Por poner algún ejemplo, los organismos gubernamentales implicados en la gestión forestal deberían tener presente la mayor adaptabilidad de los bosques mixtos a diferentes tipos de perturbaciones, si los comparamos con los monoespecíficos. Otro aspecto importantísimo es la alta densidad de las masas forestales que, como comentamos anteriormente, supone un menor vigor de los árboles debido a la competición por los nutrientes y la luz entre los mismos. Por ello, un bosque sano y resistente a la sequía debe mantener un nivel intermedio y controlado de densidad; a veces menos es más.

Sin duda, algunos árboles y la vegetación acompañante seguirán muriendo, por lo que debemos plantearnos qué hacer con la madera muerta. ¿La eliminamos para reducir el riesgo de incendios o la mantenemos? No debemos criminalizarla pues no es basura y alberga mucha vida. Los estudios más recientes recomiendan mantenerla en el bosque, ya que así aumenta la diversidad microbiana y de las poblaciones de insectos.

Respecto a los incendios, debemos tener claro que el futuro de los bosques exige la existencia de los mismos, pero no de cualquier incendio. Las quemas prescritas y perfectamente controladas ayudan a disminuir la probabilidad de incendios de alta intensidad y la consecuente pérdida de nutrientes para la microbiota que traen consigo.

Como último ejemplo de gestión forestal podemos mencionar la aplicación de los sistemas de cubierta forestal continua. *A priori*, este concepto puede no resultar del todo claro. ¿Qué pasaría si reemplazamos este último concepto por el mantenimiento continuo del dosel arbóreo o de una cubierta forestal continua, evitando la interrupción temporal de la misma? Básicamente, consiste en realizar tareas de mantenimiento (por ejemplo, clareos o talas) progresivas y continuas, en lugar de aplicar ciclos repetitivos, por ejemplo, de plantación y clareo. En el primer caso, se logra mantener una cubierta forestal permanente, mientras que en el segundo llega un momento de tala final y se repite el ciclo de nuevo. El sistema de cubierta forestal continua permite que se mantenga la gran red de hongos ectomicorrícicos en el bosque, lo que a su vez supone una mayor facilidad para el desarrollo de los nuevos plantones que van surgiendo.

¿Quién mejor que las aves como los grandes halcones o águilas para vigilar desde el cielo los ecosistemas forestales? La ciencia ha tratado de imitar a estos expertos vigías y ha desarrollado nuevas tecnologías de teledetección a tal fin, hasta el extremo de que el futuro en materia forestal no se puede concebir sin la aplicación de herramientas como sensores, satélites y drones que ayudan a observar y registrar cambios en la vegetación, monitorizar ciertos parámetros forestales e incluso realizar la detección precoz de enfermedades.

Por último, puesto que llegamos definitivamente al punto y final, tenemos que romper una lanza a favor de la investigación y la divulgación de los resultados en materia forestal. Por ejemplo, a día de hoy existe mucha menos información sobre la microbiota de bosques tropicales que sobre el resto de bosques. Incluso si consideramos las diferentes estancias del vecindario forestal, encontramos niveles de profundidad de estudio muy diferentes. En este sentido, una parte importante de esta obra se centra en la microbiota del suelo y poco se ha detallado sobre la comunidad microbiana que habita en las hojas de los árboles, simplemente por la escasez de trabajos que se centran en la filosfera.

Dejando a un lado los ejemplos particulares, debemos comprender cómo funciona el ecosistema en su conjunto y sus principales vulnerabilidades para predecir cómo se comportará en un futuro y, sobre todo, para poder actuar adecuadamente. Pero de poco sirve la investigación si la repercusión de la misma no está al alcance de todos. De hecho, cuando me senté a escribir todas estas líneas, mi principal meta era intentar involucrar a todos los lectores en mi tarea científica de proteger los bosques. Si la ciencia no se acerca al resto de seres humanos, ¿cómo sabremos la manera de cuidar y proteger nuestros bosques? Porque el futuro de estos fantásticos ecosistemas depende de todos nosotros.

Bibliografía

ALLEN, C. D. *et al.* (2010): "A global overview of drought and heat-induced tree mortality reveals emerging climate change risks for forests", *Forest Ecology and Management*, 259(4), pp. 660-684.

BAKKER, P. A. H. M. *et al.* (2020): "The soil-borne identity and microbiome-assisted agriculture: looking back to the future", *Molecular Plant*, 13(10), pp. 1394-1401.

BALDRIAN, P. (2016): "Forest microbiome: diversity, complexity and dynamics", *FEMS Microbiology Reviews*, 41(2), pp. 109-130.

— (2023): "Forest microbiome and global change", *Nature Reviews Microbiology*, 21, pp. 487-501.

BETTENFELD, P. *et al.* (2020): "Woody plant declines. What's wrong with the microbiome?", *Trends in Plant Science*, 25(4), pp. 381-394.

BONEVILLE, S. *et al.* (2009): "Plant-driven fungal weathering: Early stages of mineral alteration at the nanometer scale", *Geology*, 37(7), pp. 615-618.

DE ARANDA Y ANTÓN, G. (2003): "Relaciones documentales de los bosques y los montes marítimos peninsulares en los archivos históricos españoles durante el siglo XVIII y comienzo del XIX", *Ecología*, 17, pp. 359-379.

FAO (2012): *El estado de los bosques del mundo 2012*, Roma.

— (2020): *Evaluación de los recursos forestales mundiales 2020. Principales resultados*, Roma.

Fernández-González, A. J. *et al.* (2023): "Long-term persistence of three microbial wildfire biomarkers in forest soils", *Forests*, 14, 1383.

Finlay, R. D. *et al.* (2020): "Reviews and syntheses: biological weathering and its consequences at different spatial levels – from nanoscale to global scale", *Biogeosciences*, 17(6), pp. 1507-1533.

Hogenhout, S. A. *et al.* (2008): "Phytoplasmas: bacteria that manipulate plants and insects", *Molecular Plant Pathology*, 9(4), pp. 403-423.

IPCC (2021): "Resumen para responsables de políticas", en V. Masson-Delmonte *et al.* (eds.), *Climate Change 2021:The Physical Science Basis. Contribution of Working Group I to the Sixth Assessment Report of the Intergovernmental Panel on Climate Change*, Cambridge University Press, Cambridge.

Lasa, A. V. *et al.* (2022): "Correlating the above- and belowground genotype of *Pinus pinaster* trees and rhizosphere bacterial communities under drought conditions", *Science of the Total Environment*, 832, 155007.

— (2024): "Mediterranean pine forest decline: A matter of root-associated microbiota and climate change", *Science of the Total Environment*, 926, 171858.

Lladó, S. *et al.* (2017): "Forest soil bacteria: diversity, involvement in ecosystem processes, and response to global change", *Microbiology and Molecular Biology Reviews*, 81(2), e00063-16.

Ministerio para la Transición Ecológica y el Reto Demográfico (2023): *Los incendios forestales en España 1 enero – 31 diciembre 2022 Avance informativo*, Madrid.

Niego, A. G. T. *et al.* (2023): "Reviewing the contributions of macrofungi to forest ecosystem processes and services", *Fungal Biology Reviews*, 44, 100294.

Oliveira, A. G. *et al.* (2015): "Circadian control sheds light on fungal bioluminescence", *Current Biology*, 25(7), pp. 964-968.

PAUSAS, J. G. (2024): *Incendios forestales. Una visión desde la ecología*, Los Libros de La Catarata-CSIC, Madrid.

PINTO, R. *et al.* (2023): "High resilience of soil bacterial communities to large wildfires with an important stochastic component", *Science of the Total Environment*, 899, 165719.

RIGLING, D. *et al.* (2018): "*Cryphonectrica parasitica*, the causal agent of chestnut blight: invasion history, population biology and disease control", *Molecular Plant Pathology*, 19(1), pp. 7-20.

RYTIOJA, J. *et al.* (2014): "Plant-polysaccharide-degrading enzymes from basidiomicetes", *Microbiology and Molecular Biology Reviews*, 78(4), pp. 614-649.

SIMON, A. *et al.* (2015): "Exploiting the fungal highway: development of a novel tool for the *in situ* isolation of bacteria migrating along fungal mycelium", *FEMS Microbiology Ecology*, 91(11), fiv116.

VICENTE LASA, A. (2019): *Estudio de la diversidad procariótica y caracterización taxonómica y funcional de las bacterias asociadas a la raíz de roble melojo (Quercus pyrenaica Willd.) y de leguminosas forrajeras del Espacio Natural de Sierra Nevada*, Universidad de Granada, Granada.

VOOLSTRA, R. C. y ZIEGLER, M. (2020): "Adapting with microbial help: microbiome flexibility facilitates rapid responses to environmental change", *BioEssays*, 42(7), e2000004.

VOŘIŠKOVÁ, J. *et al.* (2014): "Seasonal dynamics of fungal communities in a temperate oak forest soil", *New Phytologist*, 201(1), pp. 169-278.

Títulos de la colección
¿Qué sabemos de?